百科大探索

CHILDREN'S ENCYCLOPEDIA

漫·三十六计

THIRTY-SIX STRATAGEMS

青岛出版社
QINGDAO PUBLISHING HOUSE

目录
CONTENTS

THIRTY-SIX STRATAGEMS

胜战计使用指南：

运用对象

与我方相比处于明显弱势的对手

运用情势

你强大，很强大；敌人弱，很弱，非常弱，也就是当你的实力处于绝对优势地位之时使用的计谋。

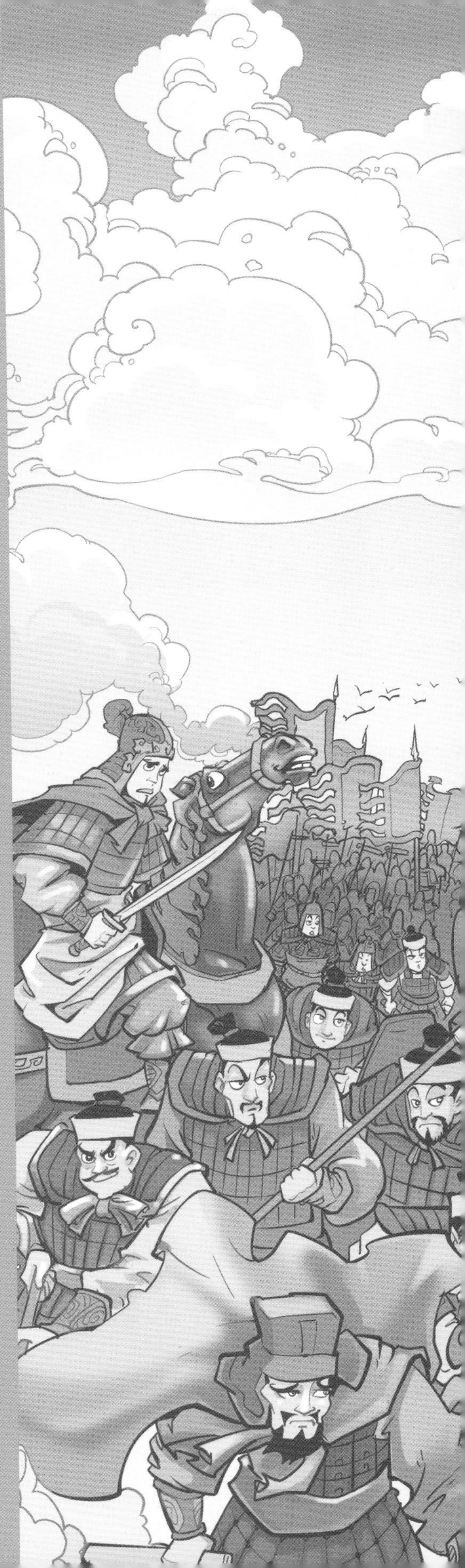

胜战计

作战思想

实力强大，打仗当然会胜利，还用说吗？但《三十六计》的要求却不止这么简单，杀敌三千但自损五百的战争在杰出的军事家眼里并不算赢。我们的目标不仅是赢，而且要把自己的损失降到最小，这才能赢出气势，赢出风格。

借刀杀人

◆火翼

漫36计
在自己的力量不是很强大时，利用对方的矛盾而削弱对方。学会识别这一计谋，可以防止自己被别人利用。
现场直播
我冤枉啊！
郐国大肆杀戮国内功臣。
郑桓公姬友，周幽王的叔叔，周朝司徒，管理天下土地、户籍。
为博红颜三笑 大王三戏诸侯
涅槃网：半个时辰前，大王第三次携宠妃褒姒登上城门并点燃京郊烽火台。看到几个被忽悠来的诸侯吹胡子瞪眼生气的模样，美女褒姒依然笑得花枝乱颤，大王龙颜大悦……
唉，这个败家子儿又瞎折腾了。
我是爱疯6s！
照他这么玩法，天下没几年就要玩完了。
大史伯，周朝史官，学问渊博，郑桓公的朋友。
京城我看是呆不下去了，您学问大，帮兄弟我指条明路吧。
东南西北方向的齐、楚、秦、晋四个诸侯日后都是称霸的主儿，那儿都没有您的落脚之地。反而在中间位置的郐国和虢国比较有前途。一来那儿的土地有不少还没开发，二来那两国的君主都是无能之辈，您到时候可以方便地取而代之……
先生一番话，可比诸葛孔明的《隆中对》了，厉害厉害！
拜托别拿未来的历史人物打比方，会误导读者的好不好。
过了几天，郑桓公跟周幽王提起了自己想搬去郐(kuài)国和虢(guó)国之间的事情。
皇家高尔夫
大王，郐国、虢国中间那块地盘，升值潜力相当高，我打算去那儿开发一下，你觉得咋样？
好事儿啊！我投1%的现金股和9%的关系股，回头挣了钱我拿10%，赔了钱你自己担着。
钱不用你投，你只要帮我说服郐国和虢国分我点荒地就行，我给你20%的股份！
叔父就是大气！就这么说定了！
有了周幽王的支持，郑桓公顺利地从郐国和虢国分别借到了5座边境小城。
干杯！
喝！喝！
郐、虢中央商务区开发项目启动仪式

京城的发展空间有限，不如出去开垦处女地有前途啊！
不知道主人怎么想的，好好的京城不待，非要往穷乡僻壤搬。
公元前772年，郑桓公把自己的部族、家属以及重要财产都迁到了“京”地（如今的河南荥阳）。
咱这块儿地皮现在市价翻了两番了。
新的根据地巩固后，郑桓公开始打起了郐国的主意。
文臣
武将
商贾
贤良
去郐国打听一下，这些领域里的知名人士，每人至少带回二十个名字来。
这人你都不认识还敢出来做买卖？这是城管诸葛大队长！
这人如此威武，到底是谁呀？
郐国名人的名单很快就到了郑桓公手里。
这谁啊，怎么在大街上飙车？
这人叫啥没人知道，不过他爸爸我们都认识，是大司马李刚。
选了一个良辰吉日，郑桓公到郊外举行了祭祀仪式。仪式的最后，郑桓公把一个大箱子埋在了祭坛下。
……我姬友说话算数，决不食言，天地为证……
这箱子里的东西很重要，可千万要看住了。
Yes Sir!

姬友祭祀的消息很快传到了郐国国君那里。
姬友城外举行神秘祭祀仪式 外交官对仪式内容表示"无可奉告"
涅槃网：一小时前，负责郐、虢中央商务区开发项目的当朝司徒姬友在城郊举行了一场祭祀仪式，与以往不同的是，该仪式并未邀请别国友好人士参加，甚至在仪式后，被记者问到仪式内容时，姬友的发言人竟表示"无可奉告"……
姬友玩什么花呢？这埋的是啥玩意儿？
郐国国君妘（yún）无非，是个既贪财又无能的人。
听说姬司徒在那边赚了不少，这会不会是……
难道这里边藏的都是宝贝？
主公，别忘了姬友埋宝贝这地儿还是您的，您说，埋在您地里的东西，是谁的呢？
还是你小子聪明，等得手了分你一份！
派人把姬友埋的那箱子给我弄回来，记住：悄悄地进村，打枪地不要！
得令！
与此同时，郑桓公在家写微博。
如此隆重地做出了承诺，难道你们还不相信我？
诸葛大队长 金五十两 良田七十亩 升三级
司马季刚 金五百两 良田五百亩 美女一打
妘无非怎么也没想到，自己竟然无意当中发现了一个即将颠覆自己政权的大秘密！
这帮吃里扒外的家伙！我一定要你们好看！
如此隆重地做出了承诺，难道你们还不相信我？

妘无非发现了自己的多名亲信被郑桓公买通的证据，于是毫不手软，颁布了格杀令。
……以上提到的人员，满门抄斩，立刻派人分头执行！
是，一个不留！
宁可错杀一千，不可放过一个！
再叫你无证经营！
不到半天工夫，郐国的许多知名人士惨遭灭门，郐国上下人心惶惶。
李府
我是来打酱油的！
你敢侮辱我的智商！
妘无非是不是疯了，弄得街上一个人都没有，还让我怎么做生意！
疯了！疯了！！妘无非疯了！！！
没想到妘无非会配合得这么干脆……
司徒，军队已经集结好了。
伐无道
征暴君
拯救郐国兄弟姐妹于水火之中！
郐国的事情大家都听说了吧，我们不能置热情帮助过我们的郐国百姓于不顾，现在到了我们去报答他们的时候了！
前门
后门
正门，郐国群众早早开门迎接郑桓公。而都城后门，郐国国君妘无非则身背细软，领着老婆灰溜溜地逃走了。
姬友借妘无非的刀，把自己的拦路虎一下子全部铲除，同时也让妘无非成为孤家寡人，然后自己不费一刀一枪，顺利侵占了郐国。栗子们，如果别人在你面前说你的好朋友的坏话，那你千万要保持头脑冷静，不要轻易中了借刀杀人之计啊！

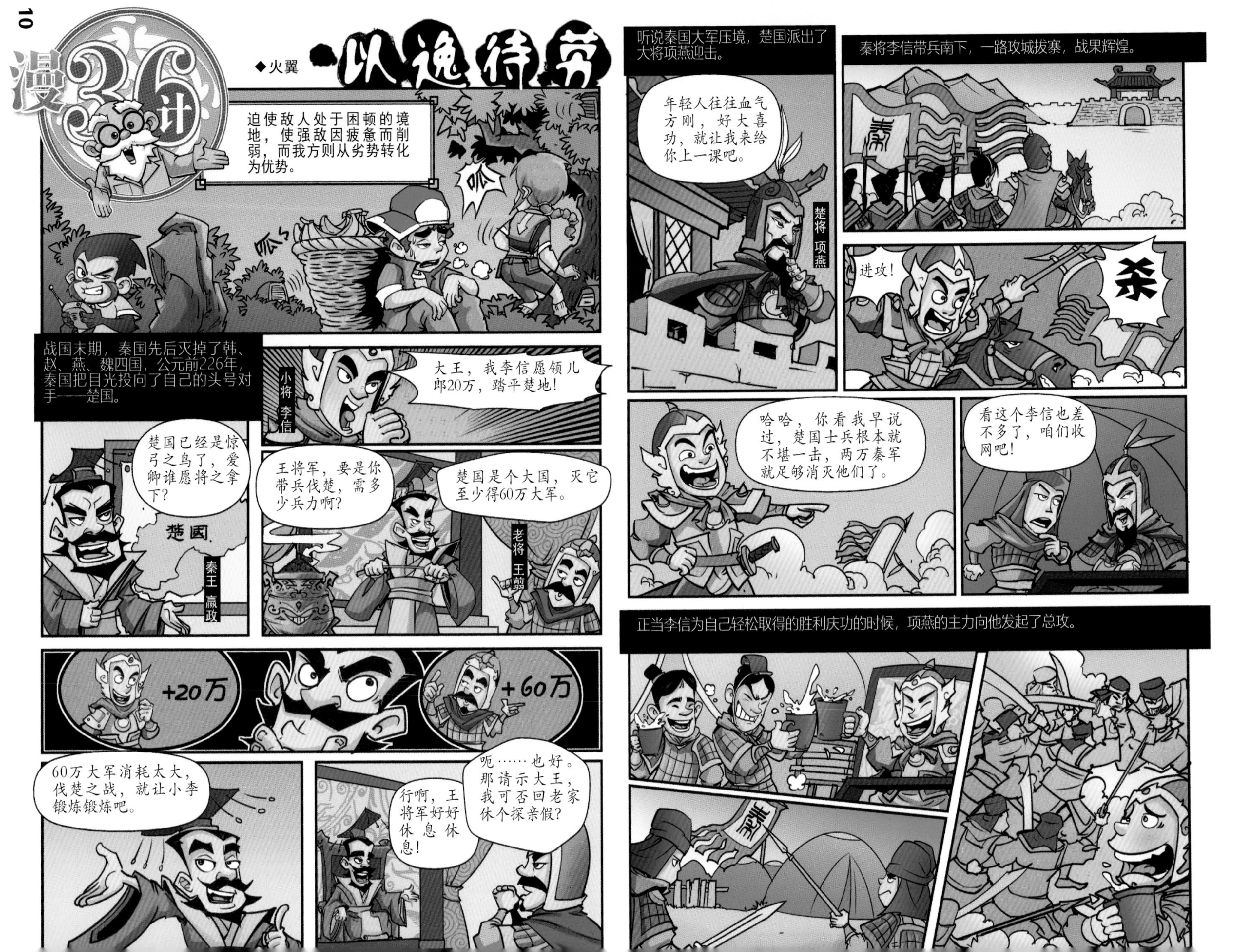
漫36计
◆火翼
以逸待劳
迫使敌人处于困顿的境地，使强敌因疲惫而削弱，而我方则从劣势转化为优势。
呱
呱
战国末期，秦国先后灭掉了韩、赵、燕、魏四国，公元前226年，秦国把目光投向了自己的头号对手——楚国。
小将 李信
大王，我李信愿领儿郎20万，踏平楚地！
楚国已经是惊弓之鸟了，爱卿谁愿将之拿下？
楚国
秦王 嬴政
王将军，要是你带兵伐楚，需多少兵力啊？
楚国是个大国，灭它至少得60万大军。
老将 王翦
+20万
+60万
60万大军消耗太大，伐楚之战，就让小李锻炼锻炼吧。
呃……也好。那请示大王，我可否回老家休个探亲假？
行啊，王将军好好休息休息！
听说秦国大军压境，楚国派出了大将项燕迎击。
年轻人往往血气方刚，好大喜功，就让我来给你上一课吧。
楚将 项燕
秦将李信带兵南下，一路攻城拔寨，战果辉煌。
秦
进攻！
杀
哈哈，你看我早说过，楚国士兵根本就不堪一击，两万秦军就足够消灭他们了。
看这个李信也差不多了，咱们收网吧！
正当李信为自己轻松取得的胜利庆功的时候，项燕的主力向他发起了总攻。
秦

李信兵败，这得怪寡人用人不当啊，不能怪李将军。
看来还得王翦出马啊！
打仗可不是做生意，谁出价低用谁啊！
嬴政来到了王翦的老家，邀请王翦带兵伐楚。
王府
哎哟，大王，您……这是来我们村吃农家宴来了？
王将军，我考虑再三，灭楚这事儿还得你出马啊！
您瞧，我这儿还有半年多假没休完……
假算啥，该咋算咋算，这段时间算你加班，发三倍工资！
成交！我还要60万兵，明年楚国就是您的了！
祝王将军、众位将军马到成功，大获全胜！
呃，大王……有件事儿……
王将军，都这时候了，还有啥事儿？
大王，我觉得出征这事儿……是不是也应该额外发点儿出差补贴啥的？
哦——这事儿啊，有道理！这样，每天补贴五十石。
大王真是一代圣主，属下肝脑涂地，万死不辞！
你肝脑涂地有啥子用，要让楚国当家的肝脑涂地才行！
为了打消嬴政的疑虑，王翦在出兵路上又多次派人向嬴政讨赏，要钱要地。这一招果然奏效，嬴政放心地把兵权交给王翦，很少干涉他的用兵策略。
王老将军真是贪心啊，又来要五百亩地，你回去告诉老将军，寡人答应了！

听闻老将王翦亲率60万大军前来，楚王负刍吓坏了。
众爱卿，秦国六十万大军压境，咱们该如何是好？
兵来将挡，水来土掩！俺正想会会王老将军。
太好了！一切就看项将军的了！
籍儿，爷爷就要跟自己平生最大的对手一决雌雄了……
项燕之孙 项羽
秦军刚被我们杀得大败又卷土重来，让我们乘胜进军，一鼓作气把他们全部消灭！
一鼓作气，消灭秦军！！
日落西山红霞飞，战士杀敌把营归……
终于到了前线，楚军看到了先一步到达的秦军……
秦军完全没有要打仗的意思，全在大兴土木，搞建设。
前方施工 请绕行
谁准你们在这儿搞开发的？
项将军别来无恙啊！咱不是过两天开战嘛，我这儿先修点营房啥的，最多一年半载就拆掉了，放心。
原来是王将军啊，好说好说，你们先忙，我这边也要修点儿工事先。
没问题没问题！那咱就先各忙各的了。
两军各自修筑工事，准备一决雌雄。
然而等两军的工事修好以后，王翦却从此闭门不出，拒不跟楚军交战。
免战
王大哥，咱好歹打一架吧！
项兄弟，我这城里游泳池还没修好，麻烦你再等等好吧？

报将军，军粮又见底了。
紧催粮就是。王翦不出兵，咱只能继续耗下去。
还愣着干吗，赶紧把那截车厢推下来，刨坑埋喽。
追尾啦
追尾啦
不能埋，得先救人救牛救粮食啊！
救什么救，耽误了送粮你负责？赶紧埋，回头就说人半夜偷跑了，咱们谁也没责任！
这事儿谁也不准说出去，要不然老子要你们好看！
楚军断粮好几天了，相信过几天就会撤退。大家回去告诉士兵们，做好一举消灭楚军的准备！
大帅说了，过两天咱就可以痛击楚军，拿下楚国了！
太好了，终于可以开仗了！
再不打我非憋出病来不可！
就是，光玩不打仗这哪叫军人啊。
王翦，我现在知道，你是来度假的，不是来打仗的……
哈哈，项将军，我王翦就是来打仗的，度假这事儿就是为了迷惑你的！儿郎们，给我杀！
王翦这个老狐狸用以逸待劳的计策拖垮了楚军，最终一战而大败项燕，并且一鼓作气拿下了秦国的最大对手——楚国。这让打头阵的李信情何以堪啊！这还没完，齐国一看楚国连一个回合都没跟秦国走完就被灭了，自己也灰溜溜投降了。嬴政就这样完成了统一六国的大业。不过10多年后，短命的秦国被以项羽——项燕的孙子为首的义军所灭，项燕地下有知，也能瞑目了。

漫36计
趁火打劫
当敌方遇到麻烦或危难的时候，就要乘此机会进兵出击，制服对手。
海南大香蕉
春秋时期，吴国和越国争夺霸主地位。
吴
越
开始！
两国战事频繁。
经过长期战争，越国终因不敌吴国，只得俯首称臣。
大王，你看，咱两家天天打也没意思，干脆和好算了。我每年给你进贡12点Q币，给你牧场加120草料！
为了天下百姓——准了！
大王，这个不能准呀！
大王，勾践狼子野心，假以时日，必定成为吴国的克星，你这是放虎归山呀！
哼，我看他勾践充其量就是一只病猫！伍子胥，你的意思是，咱们大王会怕他一只病猫吗？
伍子胥
太宰
你个胆小鬼！人家都投降了还杀，不是白白让大王落得个残暴的恶名吗！
你这个小人，勾践给你了多少好处，你帮他说话。
够了！你俩耍猴呢！想我决决吴国，要是连个俘虏都容不下，岂不是让天下人笑话！我决定了，勾践以后就在吴国为奴了！
昨晚送给太宰的那10个Q币太值了。
就这样，越王勾践被扣在吴国，失去了行动自由。
小鸟呀，小鸟！我什么时候能和你一样，在天上自由地翱翔呢？
鱼儿呀，鱼儿！我什么时候能和你一样在水中自由地畅游呀？
马桶
难道我命中注定要这样屈辱地老死在吴国？不，我要抗争！
备受屈辱的勾践决定想法取信于夫差，以便找机会回越国。
连个跑肚拉稀都治不好，饭桶，一群饭桶！
机会来了……
站在旁边的勾践，经过激烈的思想斗争，做出了一个惊天地泣鬼神的举动。
大夫，大王的御便略显稀稠，色泽上微暗偏黄，味道酸苦……
勾践以口“试”便后，太医们根据他的详细分析，对症下药，果然为夫差治好了拉肚子。
仁兄对大王的忠心天地可鉴呀！
就这样，勾践表面上对吴王夫差百般逢迎。终于骗得了夫差的信任，被放回越国。
回去后，一定要把越国治理好了！别忘了Q币和牧草的事儿。

终于回来了！
大王，您看，勾践还多进贡了一个呢！
您的Q币增加：13
越国
在国内，勾践卧薪尝胆，立志雪耻复国。
学好历史才能报仇雪恨！
《探索历史》
勾践采取了一系列富国强兵的措施。
当然，勾践的复国野心绝不能让吴国察觉。
欢迎特使！
咱家大王最近身体可好？不能日夜在大王跟前侍奉，勾践深觉遗憾。劳烦大人回去说一声，大王要是再拉稀跑肚，一定要用快递送过来，好让我鉴别！
好，好！
范虫？饭虫！先生的名字好萌啊！
名帖
大王实在体察民情，连小人的乳名都知道！小人范蠡对大王的敬仰之情又徒增甚多！
有了这个，我终于可以报仇雪恨了！
大王，要想打败吴国，咱们还差一个人！
范蠡所说的这个人，就是后来深明大义献身吴王的西施。
这位美人，你实在太美了，你看，鱼见到你的容貌都羞愧而死了！
这位帅哥，我想你误会了。从科学的角度上讲，这些鱼是被我的化妆品给毒死的！
美人谈吐不凡，莫非对此有研究？
有研究又怎么样！想我一介女流，空有报国之心，却无用武之地。
这就是我们未来的大王！
曾经有一份伟大的事业放在我的面前，我没有珍惜，等我失去的时候我才后悔莫及，人世间最痛苦的事莫过于此……
我愿意为你，我愿意为你，我愿意为你被放逐天际！

西施过去也有年头了，咱们现在兵强马壮的，是不是该攻打吴国了呀？
时机未到！
你以为我不着急呀，我朝思暮想的西施还在吴国呢！我做了这么大的牺牲，还不都是为了你！
怎么还未到！你是不是准备让我一辈子都被夫差那个混蛋使唤呀！
那咱们到底啥时候能攻打吴国呢？
这个嘛！还需要大王再装一次孙子！
勾践又一次出使吴国，把吴国百官都贿赂了一遍。
被俘之臣勾践参见大王！
吴王夫差被勾践的假象迷惑，根本不把越国放在眼里。
越国现在只顾着拍咱们吴国的马屁，哪有时间造反呀！
哈哈！勾践这辈子都别想翻身了！来，喝酒！
就是！衣不遮体，食不果腹！全是老弱病残，根本不值得一提！
另一边，勾践却在为复国做着准备。
按照先生的吩咐，除了伍子胥，吴国上下都贿赂了。
我已经和西施说好了，咱们就等着看好戏吧！
大王觉得我美，还是这亭台楼榭之景美？
当然是美人美了。这些个楼台哪里配跟美人相提并论。
可惜，我每日里却要对着这些旧物陈景。
都怪我粗心，没替美人考虑好。今天，我就召开宫殿扩大会议，为美人建个欧式别墅。
大王，咱们现在应该储备些财力，以备不时之需！
老伍，现在天下太平，没这个必要！再说了，让西施住在一栋破屋子里，我的脸往哪儿搁！
在崭新的宫殿里
宫殿外
大王一连几天不露面，这可如何是好？
大王召见群臣！
这个西施，果然是越国派来祸害吴国的！
什么？建行宫！
绝对不行！
美人，你这是怎么了？
这——
大王，我听说伍子胥在众人跟前辱骂我！说我是越国的间谍来迷惑大王！
看来大王是相信伍子胥的话，怀疑我了！我——我只好以死证明清白了！
我自然相信美人！
大王，臣妾听说伍子胥不但当众顶撞大王，私下还有谋反之心……

我死以后，吴国离着灭亡也就不远了！
七月
死
公元前473年，吴国国内遭遇天灾，颗粒难收。
吴國
报告大王，伍子胥被夫差杀了！
太好了！先生，现在可以攻打吴国了吧？
现在打，只有一半的胜算！弄不好大王还会继续当吴国的俘虏。
现在可以开个会议讨论一下这件事了！
大王，夫差让你在各国诸侯跟前丢尽了脸，现在越国兵强马壮的，我们一定要为大王报仇。
打！
打——是万万不可的。像我这样的人还有什么羞耻心呢？大家的生活刚刚稳定下来，没有必要为我打仗呀。
大王，在越国您受万民敬仰，不报此仇，活着还有啥意义！
都这样了，这到底……打，还是不打呢？
这次可以打了。
废物，连个酒都倒不好，拖下去把手砍了！
越国正准备攻打我国边界！
吴国人要是连饭都吃不上，越国人肯定早死了一大片了，怎么可能攻打我们！
大王，今年我国遭遇天灾，老百姓连米都吃不上，臣请求大王带头节约呀！
老百姓这么多，饿死千儿八百的正常！
国内民不聊生，夫差却还出国访问，以盟主的名义和中原的诸侯在黄池召开峰会。
盟
主
今年峰会的主题是，在咱们几个国家举行选美比赛的事项！
与此同时，越国勾践选中吴王夫差北上和中原诸侯在黄池会盟的时机，大举进兵吴国。
冲啊！
吴国国内空虚，无力还击。
冲啊，杀啊
吴
吴国很快被越国击破灭亡。
勾践卧薪尝胆，最终打败了骄横的吴王夫差，这个故事想必大部分栗子都知道。可大家知道吗？夫差之所以在争霸的初期战胜了勾践，恰恰是因为勾践打败了夫差的父亲吴王阖闾（hé lǘ），夫差忍辱负重，才奋发图强而崛起的。这是何等具有讽刺意味的浮浮沉沉啊。值得栗子们反思和引以为戒。

攻战计使用指南：

运用对象

处于防守态势的对手

运用情势

你进攻，敌人防守。弱者未必不进攻，强者未必不防守。在战场上，进攻的一方未必能赢，防守的一方不一定就会输。

攻战计

作战思想

进攻，进攻，进攻！每个将军都想像脱缰野马一般，用排山倒海的攻势赢得战争，赢得摧枯拉朽，但现实可能不太让人称心如意，一不小心就可能将战果拱手让给对方。此计请与动如脱兔的灵敏神经配合使用。

漫36计
借尸还魂
利用、支配那些没有作为的势力来达到我方目的的策略。
东汉末年，天下大乱，群雄逐鹿。
天下是我的！
是我的！
曹操
各位同学，请放心，天下当然不可能是他们的！
康熙大帝
唐太宗
汉武帝
三国博物馆
当然，和那些皇帝我是没法比，但是我也是响当当的一代枭雄！
纵观中华五千年历史，成大事者，必定要像我曹操一样睿智过人，才貌双全，气宇不凡！
曹操！曹操！
三国早报
一代枭雄——曹操！
曹操先生，我是《三国影视》之娱乐版之八卦角的特聘记者，对于获得“一代枭雄”这样的赞誉，你有什么感想？
能得到世人的如此厚爱，我感到压力山大！为了对得起“枭雄”二字，我决心改朝换代，统一中原！
太好了，太有志向了！观众朋友们，今天的娱乐快讯到此结束！欲知曹操能否一偿所愿，中原到底鹿死谁手，请继续关注《三国影视》。接下来是广告时间，不
曹操想要改朝换代，改的正是汉朝刘家的天下。
我是汉献帝，9岁就在董卓的辅佐下当上了皇帝。本以为当上皇帝后能有一番作为，谁知不过是董卓的一个傀儡！
后来董卓被司徒王允等人密谋刺杀掉。
本以为董卓被杀后，我终于可以扬眉吐气了。谁知——
我们说你是皇帝，你才是皇帝。董卓这样棘手的人我们都可以杀掉，你更不在话下。明白吗？
吕布
明白！明白！
直到有一天——
不知道这样的日子还要过多久……
陛下，这些日子让您受委屈了，我等已经将王允、吕布等贼臣歼灭！
你是说我自由了？
是的，陛下！
你祖籍哪里？我一定要好好奖赏你！
传陛下旨意，封李傕，也就是我本人为车骑将军！以后我说的话就是陛下的旨意！
参见车骑将军！
我应该是中国历史上被“倒手”最多的一个皇帝了吧！

汉献帝并不甘心就这样在李傕的控制下做傀儡皇帝。

直到195年，李傕、郭汜发生内讧。

主公，城里的老百姓比咱还穷，实在是找不到一粒粮食了，要不您先用这个充充饥吧！
洛陽
此时，袁绍的谋士得知这个消息后，给袁绍出了一个主意。
咕~
满汉全席
主公，现在汉献帝在洛阳流浪，咱们完全可以把他请过来，然后用他的名义号令诸侯呀！
你可拉倒吧！现在的皇帝就是个废物，把他接到我们这儿干什么呢？你是让我朝拜他呢，还是不朝拜他呢？是请示他呢，还是不请示他呢？
这不怪你，要不我是主公呢！
主公英明！
我倒没想那么多！
低调，低调！我是这么想的，把他请过来就要朝拜、要请示。这以后大事小事我都得跟皇帝请示，万一皇帝意见和我们不一样怎么办？我是听他的呢，还是不听他的呢？我听他的显得我们没分量，不听他的这不又是违法吗？所以这事还是拉倒吧。

这件事，袁绍这么一犹豫，就被曹操抢了先。

哎！
哎！
主公莫非有心事？
有件事确实让我大伤脑筋。古代圣贤说过：名不正则言不顺，言不顺则事不成。我如今想要统一中原，却不是汉室正统，实在师出无名呀！众位，可有什么好主意？
历史上，晋文帝接纳了周襄王，各地诸侯纷纷投靠于他。汉高祖为义帝孝服东征，天下之人都归心于他。您何不仿效古人？
你是说让我把陛下从洛阳迎到许县？
不错！您若把陛下迎到许县，至少有三点好处：一可以顺从民心，得到百姓的拥戴；二可以借辅佐陛下之机，使各地诸侯顺服；三可以取义于天下，使英才前来投效。到那时谁能和您相比呢？
好主意！

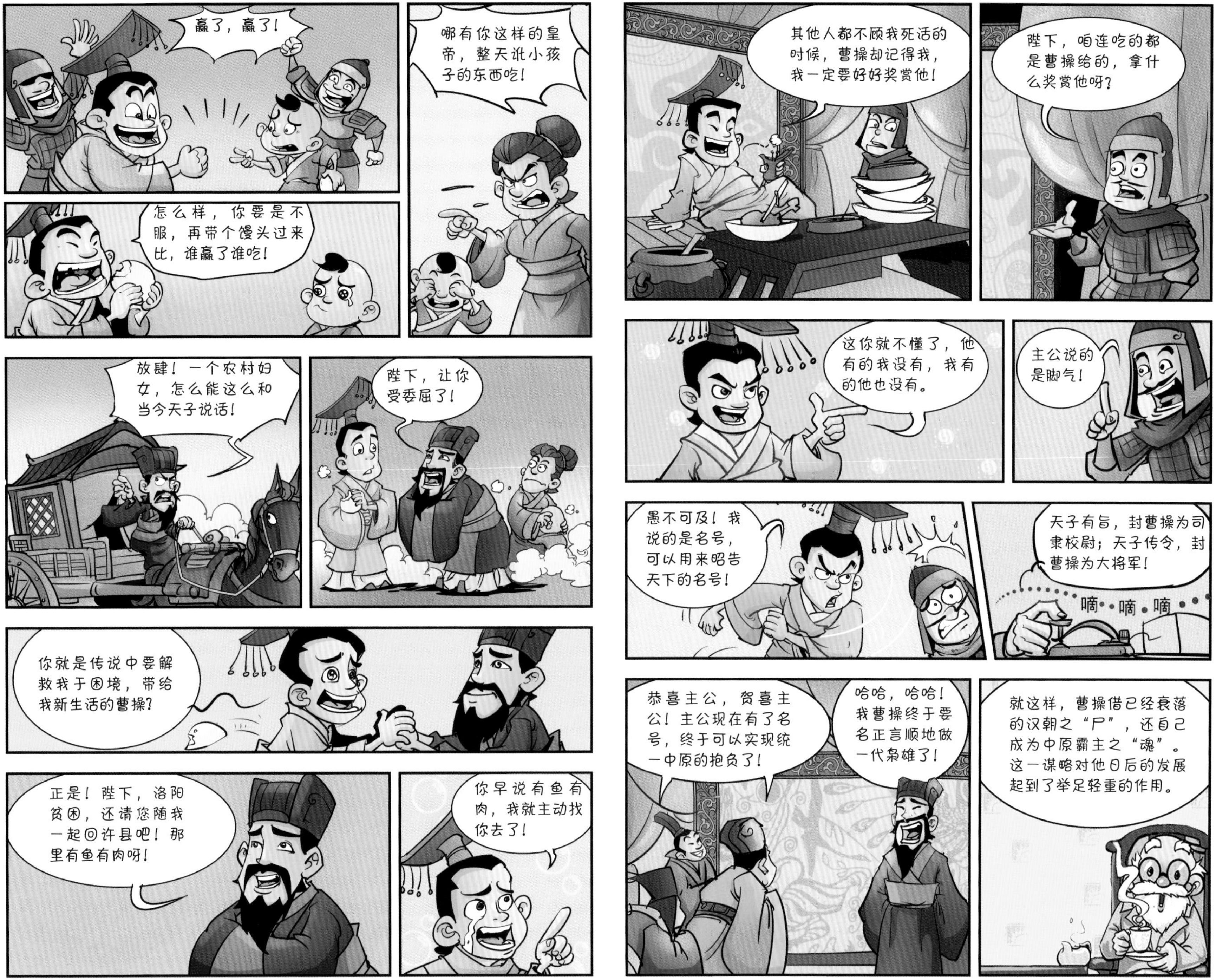
赢了，赢了！
怎么样，你要是不服，再带个馒头过来比，谁赢了谁吃！
哪有你这样的皇帝，整天讹小孩子的东西吃！
放肆！一个农村妇女，怎么能这么和当今天子说话！
陛下，让你受委屈了！
你就是传说中要解救我于困境，带给我新生活的曹操？
正是！陛下，洛阳贫困，还请您随我一起回许县吧！那里有鱼有肉呀！
你早说有鱼有肉，我就主动找你去了！
其他人都不顾我死活的时候，曹操却记得我，我一定要好好奖赏他！
陛下，咱连吃的都是曹操给的，拿什么奖赏他呀？
这你就不懂了，他有的我没有，我有的他也没有。
主公说的是脚气！
愚不可及！我说的是名号，可以用来昭告天下的名号！
天子有旨，封曹操为司隶校尉；天子传令，封曹操为大将军！
嘀 嘀 嘀
恭喜主公，贺喜主公！主公现在有了名号，终于可以实现统一中原的抱负了！
哈哈，哈哈！我曹操终于要名正言顺地做一代枭雄了！
就这样，曹操借已经衰落的汉朝之“尸”，还自己成为中原霸主之“魂”。这一谋略对他日后的发展起到了举足轻重的作用。

调虎离山

◆火翼

漫36计
东东
听说今天有TFBoys的演唱会!
谁说的?
战场上若是遇到强敌，不要硬拼，要用计让强敌离开驻地，让他丧失优势。
理由必须充分才可以。
东汉末年，群雄讨伐董卓之后，各自回到自己的地盘，孙策投奔袁术，可惜总是得不到重用，于是就拿父亲留给自己的玉玺向袁术借兵，说是要去江东帮自己的舅舅。
传国玉玺我留着也没啥用，您有了它就可以掌控天下了。
行，就放我这儿先帮贤侄保管着吧!
孙策
袁术
孙策带着三千兵马来到江东，实力很快壮大起来。
老汉我走南闯北一辈子，人称“活地图”，等孙将军出征的时候我可以给他带路。
老人家，您岁数大了，在家吃劳保颐养天年多好。
孙策在江东地区南征北战，打败对手刘繇，平定了江东地区，被封为吴侯。
刘将军，江东这地儿就让给我吧!
孙策的兵马很快增加到了两万多人。袁术死后，他便锁定了下一个目标——袁术的亲信，庐江太守刘勋。
刘勋，该把属于我的都还给我了。
阿嚏!
大人，是不是有人想你了?
庐江太守 刘勋
199年，当了一年皇帝的袁术兵败病死，他的部下和家眷一起投靠了皖城的刘勋。
我等以后为刘大人鞍前马后，任凭驱使。
袁术从弟，袁胤（yìn）
都是自家兄弟，千万不要客气。咱们现在兵强马壮，再没人敢小看咱了——干!
咱现在兵马多了何止一倍，可是粮草有限，得想想办法才行。
粮草会有的。先生放心，我早有打算。
谋士 刘晔（yè）
攻打上缭（liáo）也没什么，就是孙策最近如日中天，不得不防啊。
这倒是，我抢了他庐江太守的乌纱帽，这小子指定不服气。
大人是想去上缭借?
这事儿也让你猜到了，真有你的!
是这样，因为在《三国演义》里我的戏份太少，所以抓紧时间在这儿抢点儿镜头。
我说先生，你这儿变魔术呢?手里的家什怎么换来换去的?
其实我也是个牛人!

说刘勋最大的缺点就是视财如命。但是他最近收了袁术旧部，实力大增。
这大哥是不是脑子有问题，你要灭的人实力大增你高兴啥？
哈哈，刘勋兵力大增，实乃天助我也！
到马场挑十匹——不，二十匹好马，然后准备十箱金银财宝。
您这是要给灾区捐款？
赶紧办去，回来我再细说。
都明白了吧，赶紧出发，都给刘勋送去！
守着一堆金银和二十匹宝马，孙策如此这般如此这般地交待了一番。
孙策的使节带着金银财宝、宝马良驹来到了皖城，拜见刘勋。
孙策将军派我来给刘大人祝寿。
瞎掰，我们大人上个月刚过了生日。
对啊，这个月的还没过不是，我们来祝这个月的。
哦，不早说，进来吧！
我家孙将军听闻刘大人军队扩招，特命小人送点儿土特产过来，不成敬意，还望刘大人别嫌弃啊。
伯符兄弟太客气了，他刚刚被封吴侯，我应该亲自过去道喜才是。
24K

大人说笑了。我家将军说，您就是那高高在上的太阳，他就是一棵脑袋跟着太阳转的向日葵，您到哪儿，他跟到哪儿。
看伯符说的——他还说什么了？
敢情听上瘾了这是，那继续拍吧。
孙将军还说，您就是夜空里皎洁的月亮，他就是每晚对着您干嚎的灰太狼！
孙将军的密信，您瞅瞅？
还有密信？
小弟对大哥的仰慕之情如滔滔江水连绵不绝……当大哥的应该罩着小弟，上缭的县令是刘繇旧部，经常来骚扰小弟，不胜其烦；再说上缭富足，GDP每年增长10%，是您大哥领土不可分割的一部分……大哥如果发兵上缭，我愿意做后援，助大哥一臂之力……
看看，这小子终于懂事儿了，知道跟着谁有前途。
Qian du 千度
策为人美姿颜，好笑语，性阔达听受，善于用人。是以士民见者，莫不尽心，乐为致死。
这要是从前，他肯定是在玩阴谋诡计。可现在我兵强马壮，他还敢有啥想法？
孙策不是个轻易屈服别人的人，这有可能是他的诡计。
把大营里的主将支走，自己乘机进攻，防不胜防！
孙策虽然年轻气盛，最近几年风头也出了不少，可毕竟还是嫩了点儿，就是再眼馋咱的地盘，也没有胆子跟咱们作对。
先生说的对，我会留部分兵马在城里的。
大人可千万不能轻敌啊，如果真要发兵上缭，那城里还是要留下相当的守卫兵力。

这皖城就交给老何你了！
钢七连
大功六连
机部一连
狼牙特种大队
红三连
说句心里话，我也想家……
刘勋中计了，耶！
刘勋一旦知道老窝被端，定会经过彭泽回军，孙贲、孙辅在此埋伏，阻击敌军；周瑜与我率主力进攻皖城，务求速战速决……
刚得了点兵马就如此自大，这刘勋的情商实在太低了。
孙策好友 周瑜
得令！
有多少战斗力，孙策大军还没开始进攻，城里的守军就开城投降了。
皖城军民热烈欢迎伯符将军
乡亲们，我们的队伍是群众的队伍，我们会像亲人一样对待大家……我宣布：从今天起，所有人看病全免费！
万岁！
都给我冲，第一个进城的大大有赏！
别攻城了，全军回师，消灭孙策，把皖城给我夺回来！
什么？皖城让孙策占了？！
听到根据地被端，刘勋慌忙回师，结果被埋伏在半路的孙贲和孙辅杀得大败。刘勋先跑去向黄祖借兵报仇，结果又被杀败，最后只好投奔了曹操。而孙策一鼓作气，败黄祖，收华歆（xīn），基本平定了江南地区。

漫36计 抛砖引玉

●火翼

为了获得大胜利
（玉），而事先向对方抛
出一点小利益（砖）。指用相
类似的事物去迷惑、诱骗敌人，使敌
人傻乎乎地上当，然后再乘机
击败敌人。

春秋末期，随着晋国分裂成赵、魏、韩三个独立的诸侯国，历史的车轮终于走向了混战不休的战国时期。

这个时候，很多诸侯小国不是被吞并就是做了临近强大的国家的附庸，只留下7个主要诸侯国家：东方的齐国，南方的楚国，西方的秦国，北方的燕国，中间的赵国、魏国和韩国。

秦昭襄王
赵惠文王
魏昭王：魏昭王有想
法，可实在因为国力太
很猛的大叔，在位56
年，是诸侯国君在位时
间最长的。他重用范
睢，远交近攻，蚕食了
推崇胡服骑射改革的赵武
灵王的二儿子。他手下文
有蔺相如，武有廉颇，
他治理下的赵国在与秦国

请问是赵国当家的吗？我是秦国当家的。
原来是秦王啊，没事过来打猎玩吧，再让我蹂躏蹂躏你？
我说赵当家的，咱两家还是别掐了，不如一块儿去魏国抢点儿地盘如何？
行啊，你说说咋个抢法？
你从北，攻他的邺城；我从西边进攻。打赢了，邺城那片地盘都归你，你看行不？
中，给我邺城就行了！

魏国间谍

秦、赵两国合谋侵略魏国。秦国答应赵国打赢了分给赵国邺城。
可同时进攻我国，一旦分兵两线作战，形势就对我们很不利了呀。
芒卯
我觉得大王没什么好担心的，只要一个人出马，这事不难摆平。
哦，谁这么厉害？
张倚
赵王跟着起哄，无非就是看到有利可图。我们可以给他点儿甜头，拉他跟我们结盟。
既然赵国盯上了我们的邺城，我们可以……
魏昭王听从了芒卯和张倚的计策，派张倚出使赵国去了。
魏
王要跟秦国联合，攻打我们的邺城？
啊，这事昨天刚定下来，你咋这么快就知道了？
垂涎邺城，赵与秦共同伐魏
旧浪网早就登了这条消息——看来这次它没有胡说啊。
我真！看来这些网站必须得整顿了，这么大的事也敢往外捅！
既然大王看中了邺城，我家魏王表示愿意把它献给大王，以换取两国的友好和平。
对，只要大王与秦国断绝关系就可。
真假？把邺城白送给我？
没问题没问题，立马断交！
哈哈，看来这两天寡人的人品真是太好了，好事都自动找上门来。
在张倚的忽悠下，赵国关闭了秦国连通的关卡，正式与秦国断交了。

秦昭襄王收到了赵惠文王的断交文书，大怒。
赵何（赵惠文王的名字）这个势利小人，背信弃义，出尔反尔，气死我了！
赵王不仁，咱就不用再跟他讲义气了。集结的士兵不能就这么解散，干脆，咱联合魏国一起打赵国得了。
有道理，不跟赵国打一仗，难解我心头之恨！
秦国的使臣赶到魏国，向魏昭王递交了联合攻打赵国的协议书。
我国愿与魏国结盟，共同讨伐无道的赵国，希望魏王认清形势，分清敌友。
这一打仗，劳民又伤财，我国今年的GDP负增长，恐怕……
协议书
秦王早已准备了薄礼，犒赏魏国中军，这是礼单，请大王过目。
哦哦，秦王太客气了！这样吧，为朋友两肋插刀，我们魏军就跟秦军并肩讨伐赵国好了！
礼单
魏国的邺城城外，赵国的使节奉赵惠文王的命令来接收邺城。
还不快快开城门迎接新太守！
新太守？这哥儿们梦游呢？
是啊，咱家太守还干得好好的，换哪门子新太守？还是个老外？
邺城
哥儿们，回家睡觉去吧，等醒了再来玩儿——
叫你们太守出来，我有赵王令在此。
邺城
请问先生何事啊？
你家大王把邺城献给了我家大王，我是来接收的——这事旧浪网都报了，你们不看新闻吗？
啊，不是吧，那个破网的新闻您也信？我家大王为了保住邺城，已经派张倚先生去跟赵王谈妥了呀！
是啊，谈的结果就是把邺城献给我家大王。你看，我家大王的文书上写得明明白白。
肯定是你家大王听错了，我们可没接到把邺城送人的命令。兄弟还是回去问问再说吧。

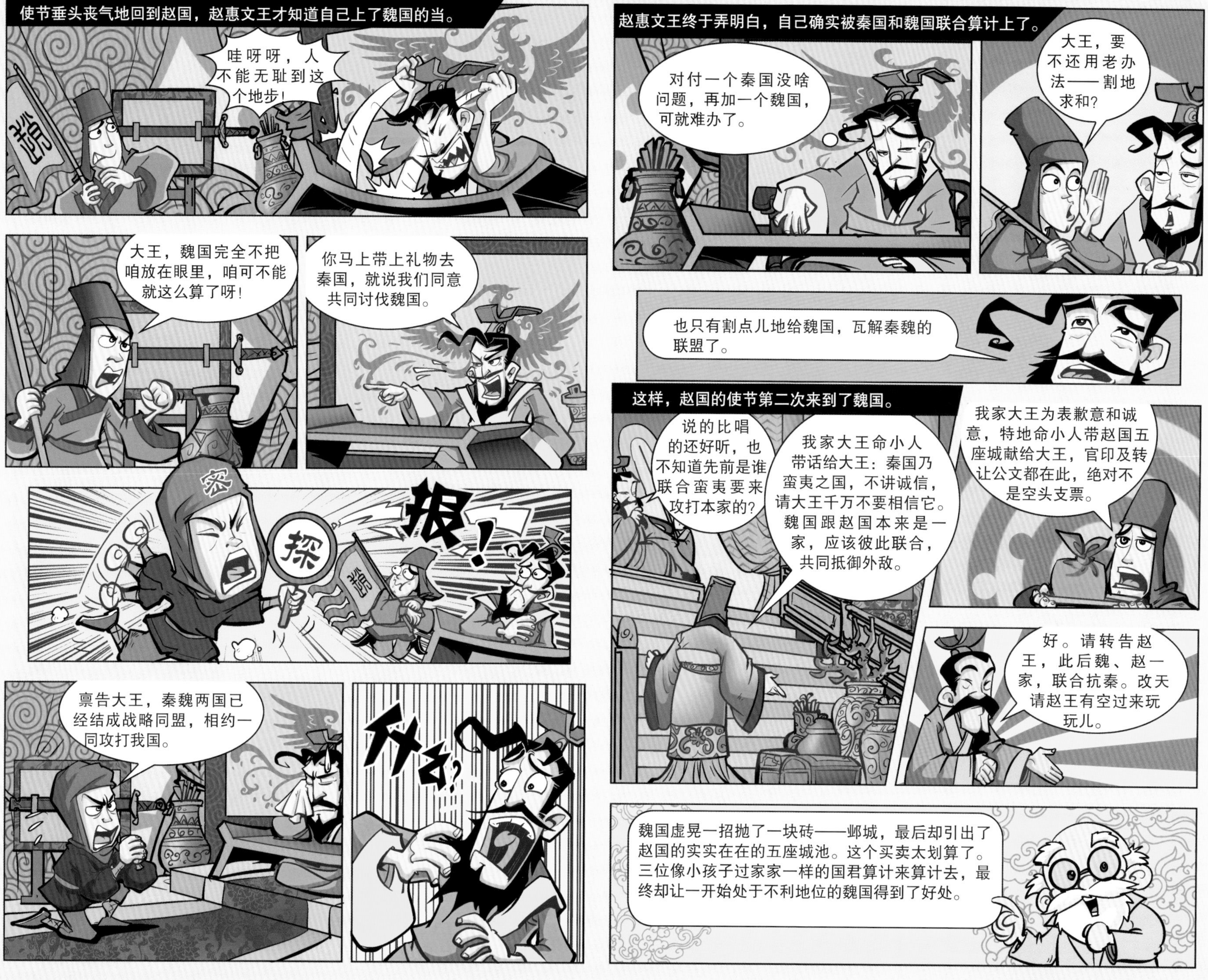
使节垂头丧气地回到赵国，赵惠文王才知道自己上了魏国的当。
哇呀呀，人不能无耻到这个地步！
大王，魏国完全不把咱放在眼里，咱可不能就这么算了呀！
你马上带上礼物去秦国，就说我们同意共同讨伐魏国。
探
报！
禀告大王，秦魏两国已经结成战略同盟，相约一同攻打我国。
什么？
赵惠文王终于弄明白，自己确实被秦国和魏国联合算计上了。
对付一个秦国没啥问题，再加一个魏国，可就难办了。
大王，要不还用老办法——割地求和？
也只有割点儿地给魏国，瓦解秦魏的联盟了。
这样，赵国的使节第二次来到了魏国。
说的比唱的还好听，也不知道先前是谁联合蛮夷要来攻打本家的？
我家大王命小人带话给大王：秦国乃蛮夷之国，不讲诚信，请大王千万不要相信它。魏国跟赵国本来是一家，应该彼此联合，共同抵御外敌。
我家大王为表歉意和诚意，特地命小人带赵国五座城献给大王，官印及转让公文都在此，绝对不是空头支票。
好。请转告赵王，此后魏、赵一家，联合抗秦。改天请赵王有空过来玩玩儿。
魏国虚晃一招抛了一块砖——邺城，最后却引出了赵国的实实在在的五座城池。这个买卖太划算了。三位像小孩子过家家一样的国君算计来算计去，最终却让一开始处于不利地位的魏国得到了好处。

擒贼擒王

指打垮敌军主力，擒拿敌军首领，使敌军彻底瓦解的谋略。

御史中丞張巡
安禄山之子安庆绪派勇将尹子奇率十万劲旅进攻睢阳。
尹子奇
睢阳
我一个睢阳，怎么挡得住十万劲旅？难不成，天要亡我！
老大，士可杀，不可辱呀！大不了出去跟他们拼了！
是！是！
冲动！冲动是魔鬼。
将军有计策了！
哼，想要打到我，没那么容易。
打不过，难道还不让我躲吗？
防御！
现在轮到我了。反击！
嘿嘿…
好大的大雁！哈哈，哈哈…
咦，大雁呢！
啊～

尹子奇二十余次攻城，均被击退。

就这样，尹子奇的部队被折腾了一整夜。

将士们疲惫不堪……
这时，城中一声炮响。
杀呀！
张巡一鼓作气，接连斩杀五十余名敌将，五千余名士兵。
你不是让我跟紧点嘛！
我心脏病都快让你吓出来了！
谁想升官发财，就给我活捉尹子奇！
活捉尹子奇！
其实，张巡从未见过尹子奇，现在他又混在乱军之中，更加难以辨认。
报！我抓到了尹子奇。
这个是真的！
我抓到的才是真的。
哪位天使大姐给我点智慧吧！
呱！
张巡让士兵用秸秆削尖作箭，射向敌军。
我有办法了！哈哈，我有办法了！
咱们老大不是疯了吧！就是，秸秆怎么可能射死人呢？
看来真的疯了！
我一定要逮住你！
报告将军：敌军没有箭了！
哈，哈，让我找着你了！给我射！
为什么这支箭是真的？
受伤的尹子奇抱头鼠窜，仓皇逃命。张巡用了擒贼擒王这一计谋，让敌军陷入一片混乱，大败而逃。

并战计使用指南：

运用对象

针尖对麦芒，任何你无法马上拿下的对手

运用情势

我方和敌方的军备都差不多，可以说是势均力敌，作战形势也相持不下。短时间内，你不能解决我，我也不可能战胜你。

并战计

作战思想

和处于绝对优势地位不同，和处在明显的进攻态势中也不同，使用并战计的你可能正处于最困难，也可能是最大变数的时候。并战计以“巧”取胜，但要使用该计可能还需要你冷静下来，从长计议。

漫36计
偷梁换柱
指用偷换的办法暗中改换事物的本质和内容，以达到蒙混欺骗的目的。
啊？被换成水枪了！
秦始皇嬴政统一六国后，不知出于什么目的，一直没有确立太子的人选。
超级皇子报名处
你不要疯狂地迷恋我……
大海无量
民众支持率
82.45%
扶苏
民众支持率
0.01%
胡亥
秦始皇虽然宠爱胡亥，但是也知道他不是当皇帝的料。于是派大儿子扶苏去北方当监军，锻炼一下，做好当皇帝的准备。
公元前210年，为了寻找长生不老药，秦始皇第五次南巡。然而由于旅途劳顿，到达平原津（今山东平原县）时，秦始皇一病不起。
陛下，喝了这碗参汤，您的身体会好起来的。
陛下何出此言？您寿与天齐，此番只是略抱小恙，休养几日就会好的。
赵高，朕怕是不行了，你赶紧找笔墨，替朕拟一份诏书，传位给扶苏。
少废话，笔墨伺候。就说朕要传位于扶苏，让他速速赶回咸阳主持丧事……
诏书拟好，陛下请过目！

过了半晌，赵高才回过神来，他四顾无人，不禁打起了自己的算盘。
嬴政竟然就这么死了，而这件事情只有我知道……
传位给扶苏，那以后天下事就扶苏和蒙恬说了算了。
我是奸臣，蒙恬是忠臣，到时候我就是不死也没有好下场。
而胡亥是我一手带大的，对我言听计从。
机不可失，时不再来！我要让大秦的天下掌握在我的手心！
一同出巡的皇子胡亥。
赵高，最近有什么好玩的没有，我都快闷死了。
又在寻我的开心，我啥时候变太子了？当心我去父王那里告你一状。
现在不是玩的时候了，赵高特来向公子，不，太子殿下道喜！
先皇刚刚驾崩，这是刚刚拟好的诏书，我还没拿给别人看。
诏书上明明写着大哥扶苏为皇位继承人，有我什么事儿？
诏书在我手中，就等于天下在公子、我和丞相三人的手中……
难道，你想——
没错，公子是臣服于人还是君临天下，只要您一句话！

搞定了胡亥，赵高又找到了李斯。
赵大人服侍皇上左右，辛苦啦。皇上还好吧？
丞相别来无恙啊。
实不相瞒，先皇一个时辰前已经驾崩了！
此话当真？
但是先皇的诏书还在我手里，我想将继承人由扶苏改成胡亥，丞相意下如何？
你欺君犯上，不想活了？！
嘿嘿，我活不活，就看丞相的了。你想想，如果扶苏继位，那铁定是蒙恬当丞相，你还不得回家种地去？而胡亥刚刚已经同意，这事儿办成，为我俩加官进爵……我这也是为你考虑啊！
先皇待我不薄，我岂能这样做，将恩将仇报？
李斯，别不识抬举！这事儿你要是答应，那就可以尽享荣华富贵；要是不答应，只怕你活不过今天了！
唉，李斯生逢乱世，也只得随波逐流了！
这就对了嘛。只要咱俩联手，天下尽在掌握！咱们这就把诏书重写一份，尽快发给扶苏，以绝后患。
"……扶苏为子不孝，蒙恬为臣不忠，即刻赐死……"丞相心狠手辣，赵高领教了。
办事儿机灵着点儿，千万不能犹豫……
属下明白，大人放心吧。
"死亡"诏书送出后，为隐瞒秦始皇驾崩的真相，赵高命人将几箱散发着臭味的鲍鱼放在车上，以掩盖尸体腐烂散发出的臭味。

……钦此。
赐我跟公子自尽？为什么？我跟公子犯了什么罪？
犯了什么罪自己清楚，还啰嗦什么，难道想抗旨不遵吗？
我要见赵高，问问他到底遵的是谁的旨意，我蒙恬人正不怕影子斜，一定要去找他评评理！
父皇啊，你怎么就这么去了，儿臣不孝，没能守在您的身边……父皇……
公子不必过于悲伤，我看这其中必有蹊跷，我们去找赵高问清楚！
父亲，儿臣这就去陪侍您！
蒙恬大胆，欺君犯上，给我拿下！
所有的障碍都清除了。回到咸阳，赵高和李斯公布了秦始皇的死讯，同时宣读了假诏书，胡亥继皇帝位，史称“秦二世”。
至此，偷梁换柱的故事就讲完了。赵高看透了胡亥和李斯的弱点，使用或威逼或利诱的手段，最终将诏书内容彻底改换，致使无能的胡亥继承了秦朝帝位，将秦始皇一手打下的天下送上了不归路。然而，赵高的阴谋却远没有结束。
其实当初先皇有意立陛下为太子，只因为蒙恬和蒙毅阻挠，所以此事才迟迟未定。
岂有此理！他兄弟二人劳苦功高，我本想留他们不死。谁知道他们竟无耻到这种地步。赐死！
陛下要想安乐一世，必须严刑峻法，把反对您的势力一网打尽……
胡亥听从赵高的主张，不仅毒杀了蒙恬、蒙毅两员大将，还将自己的兄弟姐妹屠戮殆尽，对反对他的大臣更不手软，一律杀之而后快。
诛杀了反对派后，赵高又用谋反的罪名将李斯腰斩。这还没完，公元前207年，胡亥继位三年后，赵高终于露出了自己狰狞的面孔——他实施了自己罪恶计划的最后一步：发动了宫廷政变，逼死了胡亥，妄想将天下完全掌控在自己手中。然而造化弄人，他想要扶持的傀儡皇帝子婴先下手为强，在自己登基那天，出其不意诛杀了赵高。而此时的秦政权已经风雨飘摇，回天乏术了。秦三世子婴在继位46天后向刘邦投降，秦王朝从此灭亡。

指桑骂槐

漫36计
指着桑树数落槐树，比喻表面上骂这个人，实际上骂那个人。在军事上，“指桑”指对于弱小的对手，采取警告和利诱的手段便会不战而胜；“骂槐”指对于强大的对手，则可以旁敲侧击威慑他。
让你装这么多酒，让你喝多了误事，让你……再有下次就打破了你。
酒
齐景公是春秋后期的齐国君主，也是齐国历史上在位时间最长的君主。
下面颁发的是齐国历史上在位时间最长的君主奖，掌声送给齐景公！
中原≠全世界？
齐景公有治国的雄才伟略。
齐国的目标是什么？仅仅是将楚、燕、韩、赵、魏、秦六国纳入我齐国的版图吗？不，绝不是只有这一点，齐国不但要成为中原的霸主，更要成为世界的霸主！齐国必须站得更高、更远、更辽阔…
他也贪图享乐。
所以，齐景公身边就必有不同的两批大臣，一批是治国之臣，一批是乐身之臣。
在一件事上，这两批人齐景公都会用到，其中的矛盾可想而知。
天天打，你们真把我当成裁判了？

大王，我已按照您的意思给评委送了三千两银子，中原小姐肯定是咱们齐国的！
做得好！
下面揭晓本年度中原小姐——来自晋国的如花小姐！
这哪儿是选美，这明明就是谋杀呀！
我要投诉，潜规则！
杀了我吧！
大王，选美大赛的事，我已经查清楚了！原来这次的大会主席刚正不阿，凡是送贿赂的，都给取消资格了，就剩下晋国这个叫如花的，是自费参加选美比赛的！
笨蛋，这都是托辞！晋国的一个“恐龙”都能当选中原小姐，这分明是借此来羞辱其他国家！我们齐国再也不能坐以待毙了！
没想到一场选美比赛竟然给了我攻打晋国的借口！把田穰苴传来！

大王，此次征伐晋燕联军，就让田将军一个人负责，恐怕难以顾及得周全呀！
小田的工作实力，我还是清楚的！
可是出兵打仗，如果没有牵制，一人独大，未必是件好事呀！
你说的很对呀！那就任命田穰苴为将，你去作监军。
谢大王信任！
穰苴与庄贾约定，第二天中午在营门集合。
明天中午见！
中午见！
我等必为陛下分忧，打败晋、燕，保我大齐安宁。
第二天，穰苴早早到了营中，命令装好作为计时器的标杆和滴漏盘。
约定时间一到，穰苴就到军营宣布军令，整顿部队。
行军途中，要求将手机调为震动或者静音，严禁大声喧哗，违法者赏军板20下……
軍令
可是庄贾迟迟不到。
庄大人说稍后就到！
再去催！
大家好~嗝！
好好，放这儿！
你、你这是什么态度——我才是这里的老大！
咱们昨天明明说好中午时分到营门集合，你为什么不按时来？
消消气，火气大了对身体不好！亲戚朋友们为我设宴饯行，我总得应酬应酬吧！
你身为国家大臣，有监军重任，却只恋自己的小家，不以国家大事为重，你不觉得羞愧吗？
哈哈，我就是放了大王的鸽子，大王都不会把我怎么样！哈哈，这么点小事，他还当真了！
庄贾，你不要太放肆了！
不用管他，赶紧把我的酒抬进去放好！
你这里面装的竟然是酒！

无故误了时间，按照军法应当如何处理？
无故误时者——该斩！
田兄，你就不要白费力气了，有这工夫，咱们哥俩喝个小酒，多好！
哼，给我拿下庄贾！
你，你们想干什么？
将军，庄贾可是大王的宠臣呀！
我管他是什么臣！我只知道，要是这么放任下去，这场仗还没打已经败了！赶紧放开我，你们是不是想受处分！
将军，你不会因为这个处分我们吧？
大王，请救救我们庄大人！
庄贾不是随军打仗去了吗？
大王，事情是这么回事……
还有这种事！来人啊，马上告诉穰苴，放了庄贾！
穰苴，我的随从已经去和大王汇报了！大王是不会同意你杀我的。
难道你现在还不明白吗？无论大王同不同意，我现在都要将你斩首示众！
你，你就不怕大王处罚你！
你违反军纪在前。我杀了你，就可以以儆效尤，严明军纪。军队纪律严明了，自然就可以打胜仗，你说大王会处罚一个打了胜仗的将军吗！
田大人，你念在我们同朝当官的份上，就放过我这次吧，我以后绝对不敢了！
哼，你整日蛊惑大王沉溺享乐，国家纲纪就是被你们这样的人给败坏了。不杀不行！

军纪不容亵渎，既然庄贾视军纪为儿戏，我只好按军法处置。谁有意见吗？
将军英明！
既然都没有意见，就希望大家引以为戒！现在，集合！
穰苴，我这儿有大王的命令，让你马上放了庄贾！
我恕难从命！
穰苴，你想造反吗！
将在外，君命有所不受。况且，你来晚了！
穰苴，你摊上事了，你摊上大事儿了！你连庄贾都敢杀，你看大王到时候怎么收拾你！
乱在军营跑马，按军法应当如何处理？
乱在军营跑马者，该斩。
君王派来的使者，可以不杀。
来使的罪可免，其他人却不行。来人，将随从和三驾车的左马斩首，砍断马车左边的木柱！现在，你可以回去报告了。
我还会回来的——

穰苴军纪严明，军队战斗力旺盛，果然打了不少胜仗。

假痴不癫

虽然自己具有相当强大的实力，但故意不露锋芒，显得软弱可欺，用以麻痹敌人，迷惑敌人，然后伺机给敌人以措手不及的打击。

匈奴头曼单于之子名冒顿（mò dú），起先被立为储君。

只是天有不测风云，头曼单于钟爱的阏氏生了少子。

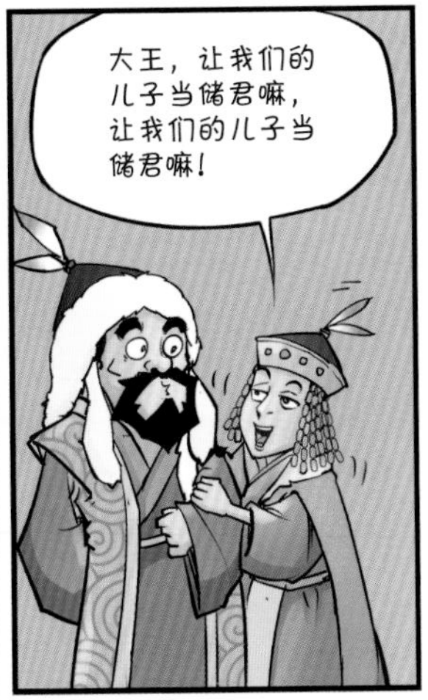

当时匈奴的东邻是东胡，西邻是月氏（zhī），都十分强大。

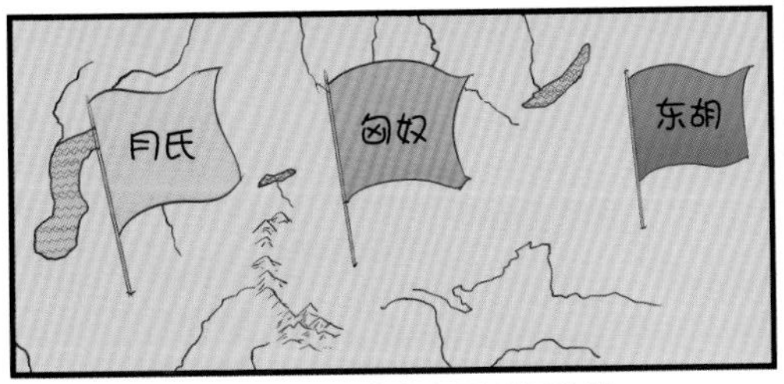

为和友邦处好关系，头曼决定和月氏国结盟。

大王，不好了，匈奴大军来犯！
不可能，匈奴的储君在我月氏，头曼肯定不会出兵。你肯定是看错了！
月氏
大王，小的真没看错！匈奴确实发兵攻打我们！
马上把冒顿押过来，我要让他为他父亲的举动负责！
月氏
这个头曼竟然用自己的亲生儿子来哄骗我，好让我放松警惕，然后趁机进攻！
月氏

与此同时——

匈奴卧底
!?
父亲竟然不顾我的安危，这么快就进攻月氏？难道他当初送我来，就是为了今日想要我死吗？

冒顿得信后盗得月氏宝马逃归匈奴。

匈奴界

你不愧是匈奴的储君，你的勇气会让所有匈奴子民敬仰的！
谢谢父亲夸奖！

来，儿子，以后你就统领这1万名骑兵！
谢谢父王！

表面上言听计从，实际上冒顿却下定决心杀父篡位。

虎毒还不食子，我的父亲竟然连老虎都不如。

冒顿开始训练手下的将士。

我是小小发明家的比赛现场
最受欢迎奖
鸣镝

冒顿用鸣镝训练士兵，无论他射的事物是什么，有不射的士兵，一律斩首。

一个野果引发的血案
!

将军射啥我射啥，管他是人还是马！
斬
斬

誓死效忠！
恐怕天下要变了！
在一次随父亲头曼单于出猎时，冒顿用鸣镝射死了头曼。
掌握大权后，冒顿又诛杀了后母及兄弟。
恭迎冒顿单于登基！
终于报仇了！
现在是民主评议，不赞成我当单于的举手！
幸亏没举手！
我们大王觉得你的千里马不错，想借回去骑两天。
好帅呀！
东胡欺人太甚，千里马是国宝，决不能轻易送给他们。
对！不能这么轻易给他们！
给他们吧！不能因为一匹马与邻国失和嘛。
匈奴肯把千里马乖乖送给咱们。可见冒顿根基不稳，对东胡简直怕得要死！
匈奴现在就是一只软柿子，别说是一匹马，就是冒顿他自己的妻妾，也得给！
属下正好在匈奴得到一本美人图，冒顿的爱妾长得真是闭月羞花，人间少有呀！
自古美人配英雄，匈奴已经不配有这么漂亮的美人了！你马上去跟冒顿要过来！
是！

你说什么，东胡王竟然向我们大王要一名妻妾？
爱美之心人皆有之嘛！我们大王说了，这么美的人放在匈奴是暴殄天物，不如送到东胡！
和东胡拼了！
就是，抢人家的老婆，这不是侮辱人嘛！
算了，给他们吧，不能因为舍不得一个女子与邻国失和嘛！
连大王的老婆都保不住，传出去让人笑话呀！
匈奴再也抬不起头了！受这窝囊气，还不如回家卖红薯呢！
美人，别说是你，用不了多久，连匈奴都是我的！你还有什么好哭的！
大王，冒顿虽然刚当上单于不久，不稳定，可是匈奴毕竟是个大国，不可掉以轻心呀！
哈哈，匈奴现在就是只纸老虎，根本不堪一击。
冒顿单于则乘机稳固统治，扩充军备。
这片荒原不错，没事打个真人CS！你去和匈奴要了！
是！
老冒，这块地你们留着也没用，干脆给我们算了！
哎，又要割地了！
现在我为鱼肉，人为刀俎，任意宰割呀！
千里荒原，杳无人烟，但也是我匈奴的国土，怎可随便让人！
姓冒的，你想好了，这可是我们东胡王想要的东西。你要是不给，后果自负！
哼，难不成我匈奴怕你不成！来人，集合部队，进攻东胡。
匈奴将士受够了东胡的气，这一下，人人奋勇争先，锐不可挡。
冒顿利用假痴不癫的计谋瞒过东胡王，取得了战争的胜利。东胡被灭，东胡王被杀于乱军之中。
现在应该已经签订转让协议了吧！

漫36计
反客为主
◆火翼
不如咱俩联合起来，同分香蕉……
当自己处于不利的被动地位时，应该找准时机，采取相应措施，变被动为主动，扭转不利的局面。
在唐朝平定安史之乱期间，一位能征善战的武将脱颖而出。
Hi，大家好！我是铁勒族的仆固怀恩。安史之乱以前，我只是一个驻守边关的普通武将，由于唐朝的边境相对比较平静，所以那个时候我基本上没啥事可干。
幸运的是，安禄山和史思明这俩人造反了！我这个领兵打仗的天才终于有了用武之地！
安
史
我跟随节度使郭子仪大人南征北战：先在云中大破安禄山的贼兵，又在马邑斩杀七千多叛军，接着在常山大战史思明的部队。
这还没完，在战场上我曾大义灭亲，杀掉了投降敌人然后逃回的儿子；我也曾亲赴京城，在天子身边保护他的安全；我还跟回纥联姻，发动他们跟我们一起讨伐叛军……总之，我为了大唐的江山，立下了赫赫战功。
古代的将军一旦功劳太大，就难免会遭人误解、猜忌，仆固怀恩也同样受到
仆固怀恩找到回纥、吐蕃等民族的首领，几番威逼利诱，最终集结了联军30万，目标直指唐朝都城长安（今陕西西安）。
大唐天子抱病身亡，我们爱戴的郭公（郭子仪）也被奸人所害，我们应该趁此机会直捣黄龙，为郭公报仇！
中原物产丰富，要什么有什么，我们这就去把好东西都抢回来！
我正联合回纥去攻打大唐，你们要是不去，将来回纥灭了大唐，实力扩大了，早晚会把你们一口吞掉，所以，跟我们一起干吧，好处大家平均分怎么样？
抢！抢！抢！
三
十
万
大
联军经过之处，墙倒屋塌，一派劫后惨状。

没有想到，自己这一病，就再也没有爬起来。
永远怀念能征善战的仆固怀恩大将军
我跟仆固怀恩将军是一家人，将军死了，你们当然要听从我的指挥。
节哀顺变。
我听你的？做梦！我的兵比你多了去了，你得老老实实听我的吩咐！
那好，只有决斗见分晓了！
你耍赖，不算！
输不起，不跟你玩了！
构筑防御工事，一面派探子侦察敌军的情况。
是！
传闻仆固怀恩已死，速去查证此事。
仆固怀恩将军一死，联军一直也没有选出让人信服的领导人，也不知道啥时候才能去抢长安啊！
就是，我看干脆别管吐蕃那些乌合之众了，咱自己杀进长安，把大唐拿下得了！
听说咱家大王跟回纥都督还在争论谁该当老大的事儿呢？
大王总是心太软，依我看，咱兵多，先把回纥拿下，再去打长安，保准十拿九稳。
呱
仆固怀恩已死，回纥、吐蕃联军不合。
仆固怀恩一死，联军群龙无首，我们可以分化他们。回纥以前跟咱们有过多次合作，我看就拿他们开刀好了。你秘密带人去回纥大营……
回纥
快开门，是大唐来的老朋友李光瓒。

李光瓒见到药葛罗，转达了郭子仪的问候。
郭令公让我来问问大都督，回纥本来和唐朝友好，怎么会听信小人谗言，来跟我们大唐作对呢？
别在这儿睁着眼说瞎话了，郭令公被奸人害死，我此番就是去给他老人家报仇的。
一派胡言！郭令公宽厚待人，被所有人敬重，怎么会有人有加害之心。
仆固怀恩将军战功卓越，还不是为奸人所逼，走上了绝路。
郭令公真的就在泾阳，你要怎样才能相信呢？
你不用再啰嗦了，除非见到他本人我才相信。
回到泾阳，李光瓒把会面情况汇报给了郭子仪。
好！这说明药葛罗还念旧情。来人，备马，我亲自去见他。
我看那药葛罗面露不善，将军此去，一定要多带人马，小心提防。
人多了反而说明咱们心虚，给我找两三个人带着礼物就行了——药葛罗要是有心杀我，我就是带了这满城一万精兵也无济于事。
你们别叨叨了，此去即便谈判不成，也只是损失了我一个人，泾阳不是还有你们吗？

郭令公来了——
弓箭手准备！
快去请都督过来。
打开营门，备马，出营迎接郭令公！
罪臣回纥药葛罗前来请罪！令公果然安在，实乃大幸大喜之事！
回纥与唐历来交好，这次你听信逆臣仆固怀恩的挑拨，险些破坏了咱们两家世代友好的双边关系。
为皇帝和令公都已经死去，中原没有主人，才会一时头脑发热，打到这里。现在知道令公活得好好的，我们愿意带罪立功，跟令公的部队共同剿灭吐蕃。
这样最好了。如果能同我一起消灭吐蕃大军，我在皇上面前也好交待。
于是，郭子仪率领的大唐军队和药葛罗率领的回纥大军合兵一处，向还在考虑如何争夺领导权的吐蕃骑兵杀去。
向大唐表忠心的时候到了，弟兄们，给我杀——
为了大唐、回纥世代交好，一举剿灭吐蕃蛮贼——
回纥、吐蕃联军声势浩大，唐军没法硬拼。郭子仪抓住两军产生矛盾的时机，毅然单身面见回纥首领，取得了主动权。战局由此扭转，最后不仅解了泾阳之围，稳固了与回纥的友好关系，更把吐蕃杀得大败，取得了意料之外的胜利。

败战计使用指南：

运用对象

任何压制你的强大的对手

运用情势

在战争中，我方处于非常不利的情况下。无论在战场上，还是生活中，人生都不可能永远一帆风顺，没有常胜将军。

败战计

作战思想

不要丧失信念，即使你可能已经看到失败在向你招手。准确衡量我方和敌方的势力差距，观察周围的环境，看准时机，咸鱼翻身、触底反弹并非不可能。用好此计，可以让你反败为胜，至少也会让你能够自我保护，给你机会时刻准备东山再起。

美人计

◆火翼

实力强大的敌人，暂时没法跟他正面冲突，可以采取讨好强敌的办法。而送美女以迷惑敌人这一招，屡试不爽。
秦朝灭亡，项羽和刘邦在中原大地展开了争夺天下的殊死搏斗。
然而让中原豪杰想不到的是：北方的匈奴趁机慢慢发展壮大，逐渐统一成为一个强大的民族。
刘邦终于打败了项羽，建立了汉朝。然而在汉朝国力还没有发展起来的时候，匈奴的首领冒顿（mò dú）单于却先一步领兵南下，进犯中原。
匈奴来势汹汹，镇守马邑的韩王信只得派使者与冒顿单于进行和谈。
韩王特命小人带薄礼，给大王犒赏军士……
不久，刘邦得到了韩王信投降匈奴的消息，大怒。公元前200年冬天，刘邦率领30万大军，浩浩荡荡地北上，讨伐韩王信和匈奴。
虽然天气很冷，可汉军的士气高涨，因为他们发现匈奴都是些纸老虎，打不了两下就败了。
我说兄弟，我听说匈奴兵又凶又狠，可这些个兵咋这么不经打？
是啊，这把刀怎么看都像好几年没用了似的，就这装备还敢来侵犯我们？
……
速速前去敌营打探，务必摸清敌人的实力。
是！

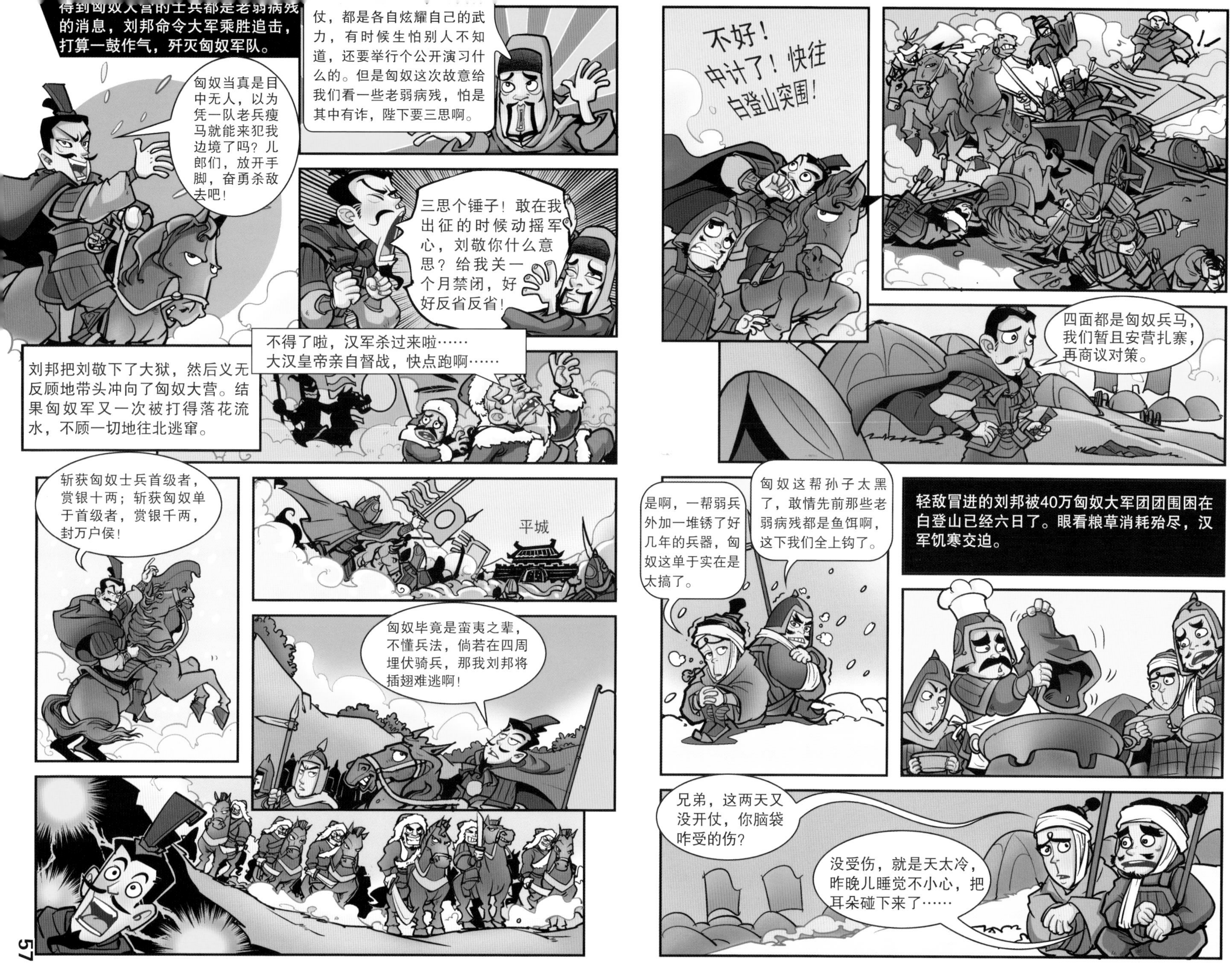
得到匈奴大营的士兵都是老弱病残的消息，刘邦命令大军乘胜追击，打算一鼓作气，歼灭匈奴军队。
匈奴当真是目中无人，以为凭一队老兵瘦马就能来犯我边境了吗？儿郎们，放开手脚，奋勇杀敌去吧！
仗，都是各自炫耀自己的武力，有时候生怕别人不知道，还要举行个公开演习什么的。但是匈奴这次故意给我们看一些老弱病残，怕是其中有诈，陛下要三思啊。
三思个锤子！敢在我出征的时候动摇军心，刘敬你什么意思？给我关一个月禁闭，好好反省反省！
刘邦把刘敬下了大狱，然后义无反顾地带头冲向了匈奴大营。结果匈奴军又一次被打得落花流水，不顾一切地往北逃窜。
不得了啦，汉军杀过来啦……
大汉皇帝亲自督战，快点跑啊……
斩获匈奴士兵首级者，赏银十两；斩获匈奴单于首级者，赏银千两，封万户侯！
平城
匈奴毕竟是蛮夷之辈，不懂兵法，倘若在四周埋伏骑兵，那我刘邦将插翅难逃啊！
不好！中计了！快往白登山突围！
四面都是匈奴兵马，我们暂且安营扎寨，再商议对策。
轻敌冒进的刘邦被40万匈奴大军团团围困在白登山已经六日了。眼看粮草消耗殆尽，汉军饥寒交迫。
匈奴这帮孙子太黑了，敢情先前那些老弱病残都是鱼饵啊，这下我们全上钩了。
是啊，一帮弱兵外加一堆锈了好几年的兵器，匈奴这单于实在是太搞了。
兄弟，这两天又没开仗，你脑袋咋受的伤？
没受伤，就是天太冷，昨晚儿睡觉不小心，把耳朵碰下来了……

被困多日的刘邦像热锅上的蚂蚁，急得团团转。
我当初怎么就没听刘敬的话呢，不听也就罢了，我还把他给下了大狱，我自痴大发了我……
陛下今日情绪怎样？
今天到现在已经埋怨了自己45遍了……
嗯，比昨天多了3遍，看来今天有望突破50大关。
陛下，门口那俩守卫都快被你叨叨疯了，你就别再自责了，实在要自责，也可以进行单纯的心理活动嘛！
陈平，我这儿急得都找不着北了，你小子这几天跑哪儿去了？
我这儿不找人画画去了嘛——你看看，这画画得怎么样？
陈平
难为你俩了。明儿我保证咱们平安突围，然后放你俩7天年假，找没人的地方好好清静清静。
陈大人真是爱兵如子，小人感激不尽。
好你个陈平，都什么时候了，还有心思去弄美女图！
这画中人现在何处，还不快快带来见我！
陛下息怒，这是画师随意画的，没有现成的模特儿。话又说回来，这幅图将会成为陛下解困脱险的关键。
陈平将自己的计划跟刘邦说了，直把刘邦说得笑逐颜开。
晚上，陈平趁着夜色，带着随从偷偷来到阏氏（yān zhī，单于的妻子）的大营，秘密会见了匈奴的第一夫人。
大汉使臣前来给夫人请安啦。
我家当家的烦劳夫人转告大王，匈奴、大汉本是邻居，动刀动枪的多伤和气，有话可以坐下来慢慢谈。
烦请阏氏将此图转交大王，告诉他在中原这样的美女多多，只要大王撤兵，我们将以美女相赠。
这样吧，礼物留下，这画像你们还是带回去吧，我自会向大王说明。

当晚，阏氏来找冒顿单于。
这么晚了，夫人怎么还未安歇？
大王为何围困汉军多日却按兵不动？是不是有什么难处？
是啊，之前我跟韩王信约定合兵一处攻打汉营。可等了多日，不见韩王信的踪影。
是不是那韩王信看到汉王御驾亲征，又动了回归汉营之心？
我也有这个顾虑啊！如果韩王信联合汉军跟咱们作对，也是一件棘手的事情。
人们常说两位英主不会置对方于死地。就算大王得到了汉人的土地，我们匈奴人也不可能在这里居住。而且汉王久围不下，貌似也有上天相助，请大王明察。
阏氏的一席话说动了不可一世的匈奴王冒顿，他权衡利弊，最终决定放刘邦一条生路。

第二天，刘邦刚刚睡醒，就听见探马报告匈奴撤兵的消息。
我当初怎么就没听刘敬……
报——匈奴军队已经连夜撤走！
什么？果真撤走了？
匈奴大军正在北撤，我军南方未发现匈奴一兵一卒。
探
通告全军，拔营起寨，回师！
刘敬爱卿，我这就回去给你压惊……

陈平展示的美女画像让阏氏左右为难：大王要是继续围困，一旦打败了刘邦，入主中原，肯定会娶中原的美女当阏氏，肯定就没我什么戏了——为了自己的皇后地位能够坐稳了，还是把大王诳走为妙。所以陈平才会仅凭一幅画智退匈奴40万大军。
可令阏氏没想到的是，回到中原的刘邦为了跟匈奴保持友好关系，最终采纳了刘敬的建议，真的把中原的美女献给了冒顿做妻子，开创了汉朝与匈奴和亲的先河。此后直到汉武帝赶跑匈奴为止，汉朝的许多女子成为了和亲政策的牺牲品。

小链接

单　于
（chányú）
是匈奴人对他们部落联盟首领的专称，意思是广大的天地之子。

阏　氏

对单于的正妻的称呼，相当于“皇后”。

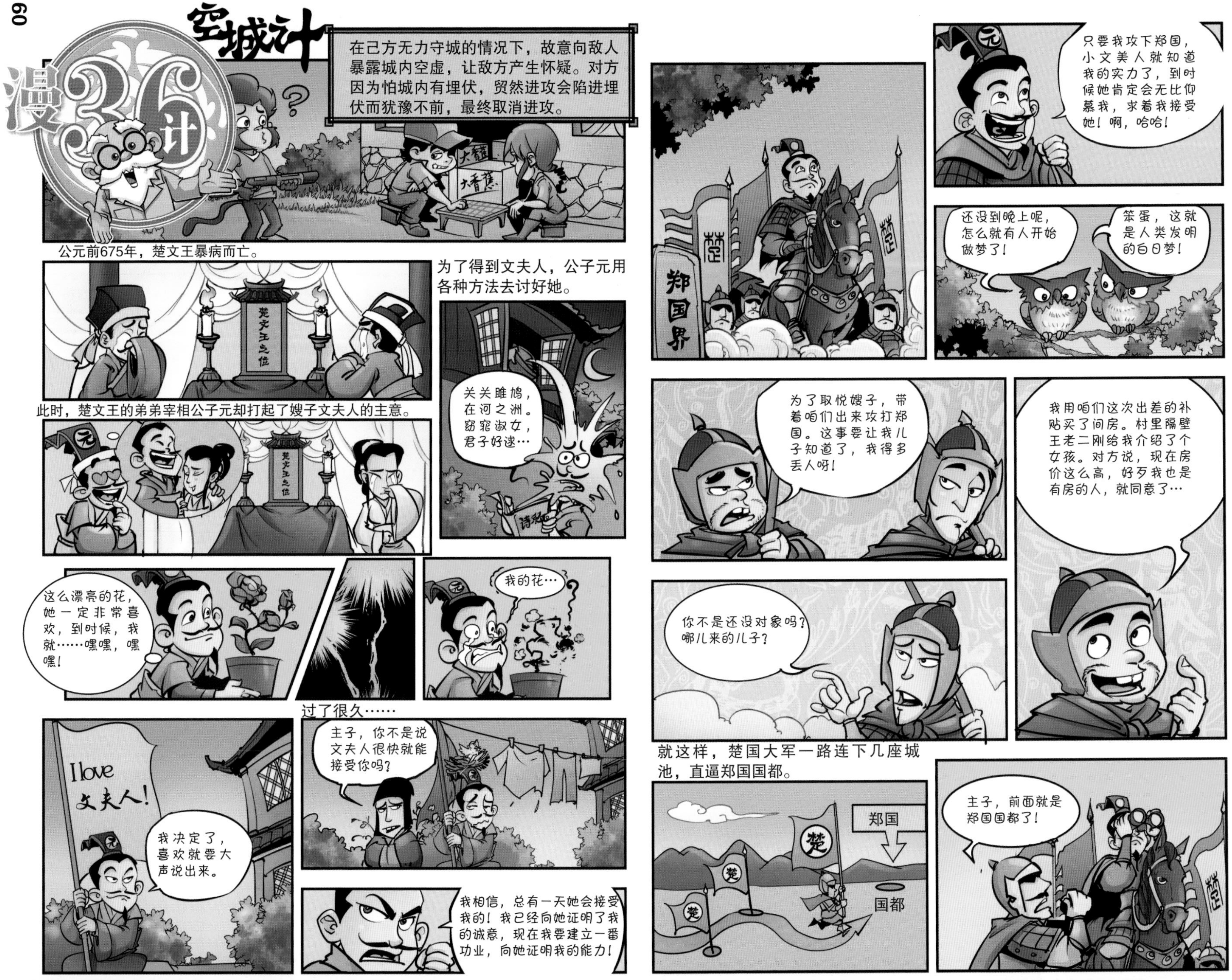
漫36计
空城计
在己方无力守城的情况下，故意向敌人暴露城内空虚，让敌方产生怀疑。对方因为怕城内有埋伏，贸然进攻会陷进埋伏而犹豫不前，最终取消进攻。
大蒜
大香蕉
公元前675年，楚文王暴病而亡。
楚文王之位
此时，楚文王的弟弟宰相公子元却打起了嫂子文夫人的主意。
为了得到文夫人，公子元用各种方法去讨好她。
关关雎鸠，在河之洲。窈窕淑女，君子好逑…
诗经
这么漂亮的花，她一定非常喜欢，到时候，我就……嘿嘿，嘿嘿！
我的花…
过了很久……
I love 文夫人！
我决定了，喜欢就要大声说出来。
主子，你不是说文夫人很快就能接受你吗？
我相信，总有一天她会接受我的！我已经向她证明了我的诚意，现在我要建立一番功业，向她证明我的能力！
郑国界
只要我攻下郑国，小文美人就知道我的实力了，到时候她肯定会无比仰慕我，求着我接受她！啊，哈哈！
还没到晚上呢，怎么就有人开始做梦了！
笨蛋，这就是人类发明的白日梦！
为了取悦嫂子，带着咱们出来攻打郑国。这事要让我儿子知道了，我得多丢人呀！
我用咱们这次出差的补贴买了间房。村里隔壁王老二刚给我介绍了个女孩。对方说，现在房价这么高，好歹我也是有房的人，就同意了…
你不是还没对象吗？哪儿来的儿子？
就这样，楚国大军一路连下几座城池，直逼郑国国都。
郑国
国都
主子，前面就是郑国国都了！

郑国国力较弱，都城内兵力空虚。
当皇帝当成这样，说出去都让人笑话！
郑
皇上，楚国大军打到咱们城外了！
各位爱卿，你们倒是说说现在可怎么办呀？
什么？赶紧召集大臣们开会商量对策呀！
主公，咱们不占优势，要我说，干脆给楚国点钱，议和算了！
咱们应该死守都城，等待外援……
皇上，士可杀不可辱！咱们堂堂郑国，难道怕他楚国不成！和他们拼了！
你们说得挺起劲，问题是哪一个能救得了郑国？
上卿叔詹
请和与决战都非上策。固守待援，倒是可取的方案。郑国和齐国订有盟约，而今有难，齐国定会出兵相助。
可是咱们守到齐国来增援也挺难的。要我说，大家都知道公子元伐郑是想邀功图名讨好文夫人。他一定急于求成，又特别害怕失败。我倒有一计，可退楚军。
爱卿言之有理。
爱卿有计策，赶紧和我说说呀！
皇上只要按照我说的，肯定没问题…
命令城内士兵全部埋伏起来，不让敌人看见一兵一卒。
不是士兵
我不是士兵
臭豆腐啦，不臭不要钱！
臭千里
城外
郑国的命运就交到你的手里了！

大人，前面就是郑国都城！
奇怪。看到的都是完全不设防的样子啊。
大人，城里一个守兵都没有，咱们要不要进攻？
郑国人当我傻呢，明明知道我们要来攻打他们，还开着门迎接，这不明摆着有埋伏，引诱我中计嘛！
咱家大王简直太英明了！
传我命令，全军解散休息，等着上头下命令！
嘿嘿，幸亏临走之前下了个电视剧！
大人，你这看什么好东西呢？
不懂了吧。说的是，咱们以后的三国时期，有个人叫诸葛亮，他大摆空城计，谈了首曲子就把司马懿吓跑的事！
大人，你又穿越了！

您看，咱们大军都打到他们城墙下了，还能没事人一样吃喝，这里面恐怕有问题！
楚
哼哼，摆明了是想引诱我们打进去，来个瓮中捉鳖。我偏偏不贸然进攻。安排人潜伏进去，看看究竟什么情况！
是！
城中确实空虚，又隐隐约约有玄甲旗士。
救助站
咱们真是碰到好时候了，我听说，救助站不但提供吃住，还给咱们安排工作！
啊
你敢偷看我女儿洗澡！
我没有！
你还不承认，你看见了我女儿，就要负责任！

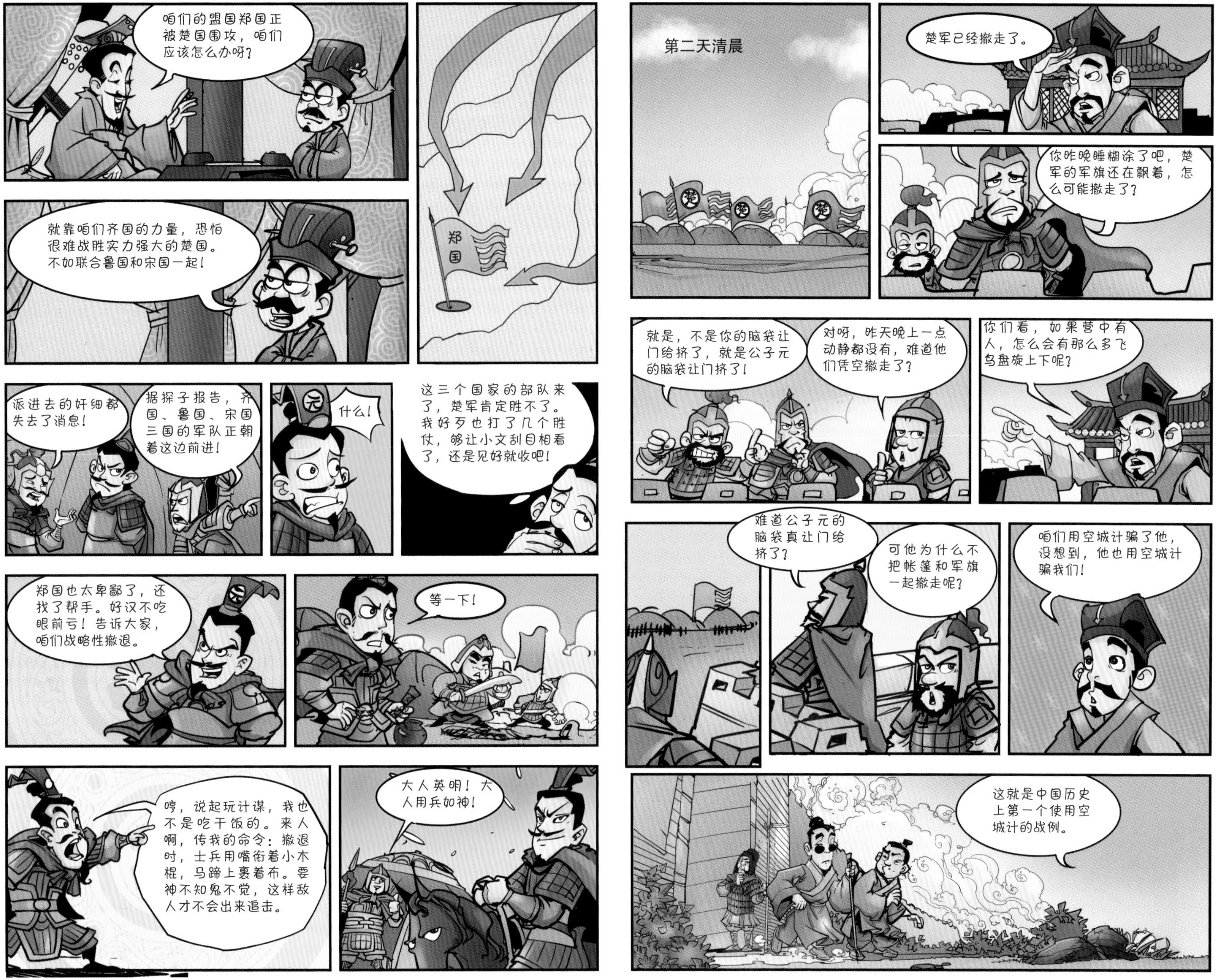

咱们的盟国郑国正被楚国围攻，咱们应该怎么办呀？
就靠咱们齐国的力量，恐怕很难战胜实力强大的楚国。不如联合鲁国和宋国一起！
郑国
派进去的奸细都失去了消息！
据探子报告，齐国、鲁国、宋国三国的军队正朝着这边前进！
什么！
这三个国家的部队来了，楚军肯定胜不了。我好歹也打了几个胜仗，够让小文刮目相看了，还是见好就收吧！
郑国也太卑鄙了，还找了帮手。好汉不吃眼前亏！告诉大家，咱们战略性撤退。
等一下！
哼，说起玩计谋，我也不是吃干饭的。来人啊，传我的命令：撤退时，士兵用嘴衔着小木棍，马蹄上裹着布。要神不知鬼不觉，这样敌人才不会出来追击。
大人英明！大人用兵如神！
第二天清晨
楚军已经撤走了。
你昨晚睡糊涂了吧，楚军的军旗还在飘着，怎么可能撤走了？
就是，不是你的脑袋让门给挤了，就是公子元的脑袋让门挤了！
对呀，昨天晚上一点动静都没有，难道他们凭空撤走了？
你们看，如果营中有人，怎么会有那么多飞鸟盘旋上下呢？
难道公子元的脑袋真让门给挤了？
可他为什么不把帐篷和军旗一起撤走呢？
咱们用空城计骗了他，没想到，他也用空城计骗我们！
这就是中国历史上第一个使用空城计的战例。

苦肉计

漫36计
派遣跟自己有仇的人去投靠敌人，利用血泪换取敌人的信任，通过作内应，或协同作战，达到预先设计好的目的。
叛徒
公元前527年，吴国国君夷昧去世，夷昧的弟弟季札不愿意当国君，只好把身份低微的夷昧的庶兄僚找来，让他当了国君。
哈哈，最近出门踩狗屎，果然有好运。
僚
祖训 王位传子不传弟 继承由…
公元前515年，吴王僚趁楚平王驾崩，国内动荡之时兴兵伐楚。
与此同时，夷昧的儿子也就是僚的侄子阖闾，趁着国内空虚，正在密谋政变。
……吴国王位本来就应该传给我……
臣一定让吴国恢复正统！
果然，在吴王僚班师回朝的庆功宴上，上演了历史上著名的‘专诸刺王僚’的故事，阖闾也从此登上了吴国王位。
我终于当上了吴国的大王！
大王万岁！
吴王僚的儿子庆忌却趁乱逃脱，躲到了卫国，在那里招兵买马，准备有朝一日为父报仇。
杀父之仇，不共戴天！阖闾，我一定会回来的！
杀死阖闾，夺回王位！
庆忌生的人高马大，勇猛过人，号称吴国第一勇士。
打回老家去
庆
庆忌！庆忌！卫国第一！
卫国第一勇士
得知庆忌在招兵买马的消息后，阖闾十分害怕，整日里提心吊胆。
偷袭者何人，还不报上名来受死！
好个胆大包天的刺客，来人，给我拖出去五马分尸！
伤不起呀！
大王，要想除掉庆忌，臣有一人可用！
太好了，军师推荐的是谁，他身高多少？是不是孔武有力呀？
这……
伍子胥推荐的正是自己的好友要离，可惜这要离身材矮小…
大王，这就是我的好兄弟，要离！
先生，平时是做什么的？
捞鱼摸虾！
老伍，你逗我玩呢？这如何能杀得了庆忌，还是让他回家继续干捞鱼摸虾这份很有前途的职业去吧！

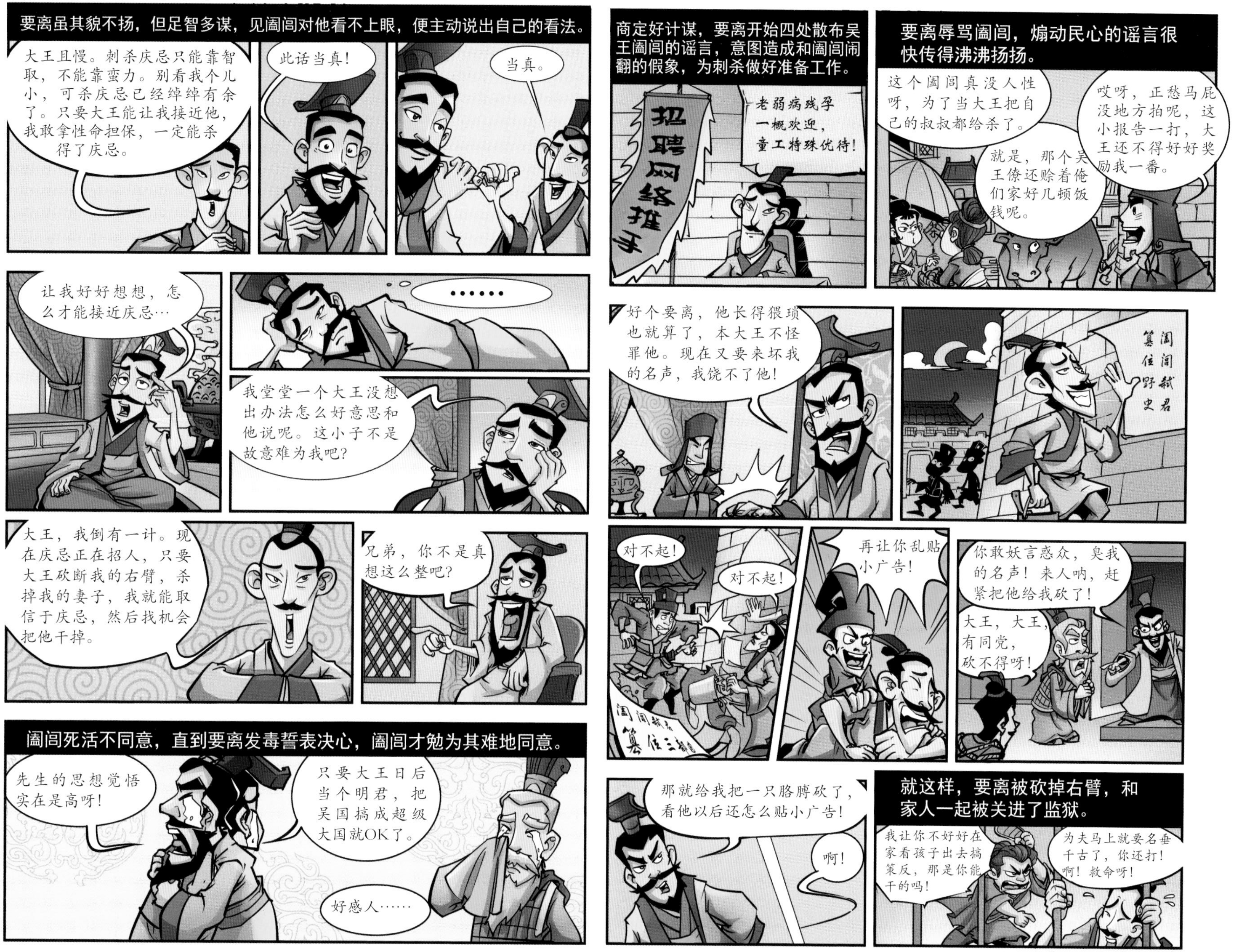
要离虽其貌不扬，但足智多谋，见阖闾对他看不上眼，便主动说出自己的看法。
大王且慢。刺杀庆忌只能靠智取，不能靠蛮力。别看我个儿小，可杀庆忌已经绰绰有余了。只要大王能让我接近他，我敢拿性命担保，一定能杀得了庆忌。
此话当真！
当真。
让我好好想想，怎么才能接近庆忌…
……
我堂堂一个大王没想出办法怎么好意思和他说呢。这小子不是故意难为我吧？
大王，我倒有一计。现在庆忌正在招人，只要大王砍断我的右臂，杀掉我的妻子，我就能取信于庆忌，然后找机会把他干掉。
兄弟，你不是真想这么整吧？
阖闾死活不同意，直到要离发毒誓表决心，阖闾才勉为其难地同意。
先生的思想觉悟实在是高呀！
只要大王日后当个明君，把吴国搞成超级大国就OK了。
好感人……
商定好计谋，要离开始四处散布吴王阖闾的谣言，意图造成和阖闾闹翻的假象，为刺杀做好准备工作。
招聘网络推手
老弱病残孕一概欢迎，童工特殊优待！
要离辱骂阖闾，煽动民心的谣言很快传得沸沸扬扬。
这个阖闾真没人性呀，为了当大王把自己的叔叔都给杀了。
就是，那个吴王僚还赊着俺们家好几顿饭钱呢。
哎呀，正愁马屁没地方拍呢，这小报告一打，大王还不得好好奖励我一番。
好个要离，他长得猥琐也就算了，本大王不怪罪他。现在又要来坏我的名声，我饶不了他！
阖闾篡位 弑君野史
对不起！
对不起！
再让你乱贴小广告！
你敢妖言惑众，臭我的名声！来人呐，赶紧把他给我砍了！
大王，大王，有同党，砍不得呀！
那就给我把一只胳膊砍了，看他以后还怎么贴小广告！
啊！
就这样，要离被砍掉右臂，和家人一起被关进了监狱。
我让你不好好在家看孩子出去搞策反，那是你能干的吗！
为夫马上就要名垂千古了，你还打！啊！救命呀！

几天后，伍子胥私下让狱卒放松看管，要离乘机逃出。
吴王阖闾听说要离逃跑，十分生气，下令斩杀了要离的妻子。
什么？要离逃了，来人啊，把他的妻子给我杀了，以儆效尤！
死
一群饭桶！上班的时候怎么能打瞌睡呢，玩忽职守，罪大恶极！你们完全可以打打麻将，玩玩魔兽嘛，实在不行上上微博也是可以的呀…
这件事很快传遍了吴国。
听说大王把要离一家都给杀了；是呀，全家十八口呀，老婆，他大舅子，小姨子…
这件事又很快传遍了邻国。
吴国阖闾把要离一家给杀了。
她老婆，大舅子，小姨子一个没剩呀！
什么，连他隔壁的王老二，说过话的陈小三都没放过？！
要离是个好同志呀！
历经一番坎坷曲折，要离终于成功地逃到了卫国。
大姐，初来宝地，赏口饭吃吧！
衛國
要离找到庆忌，将自己的遭遇原原本本地告诉了庆忌，表示愿意投入他的门下。
你就是要离？
请大王替我报断臂杀妻之仇呀！
你我一样跟阖闾有血海深仇，我会帮助先生报仇的。
慢慢地，要离取得了庆忌的信任，成为他的贴身亲信。
庆忌甚至连比较机密的文件都让要离帮自己打理。
《如何成为健美先生》
要离见时机一到，开始劝说庆忌讨伐吴国，并得到庆忌的赞同。
大王，咱们现在要兵有兵，要马有马，再不报仇，要等到什么时候呀！

大王，您晕船的毛病好了不少呀！
大王，我这儿有一瓶二锅头，您赶紧喝一口，提提神！
我是不好意思让手下们看见！
就在庆忌喝酒之际，要离突然拿起一根短矛向庆忌背后刺去。
知我者要离也。
对不起，我是阖闾派来的刺客呀！
要离，你，你竟然敢暗算我！
住手！放他走！
你真的打算放了我？
不错！敢杀我的人必定也是个勇士，一天之内不能死掉两个勇士啊！
要离舍弃自己的家人和一只手臂，成功地完成了刺杀庆忌的任务。回到吴国后，阖闾很高兴，一定要封他做大官。要离却谢绝了阖闾的好意。现在想来，要离很可能会对阖闾说这样一番话：“我杀庆忌，不是为了做官。一来是感念子胥和大王的知遇之恩，二来也是为了吴国的安宁，让百姓能安居乐业。我的妻儿都因我而死，勇士庆忌也死在了我的手里，我犯下的罪孽只用我的命来偿还是不够的，希望大王日后好好治理吴国，就当是帮我赎罪吧。”说完这番话，要离自刎而死。

走为上计

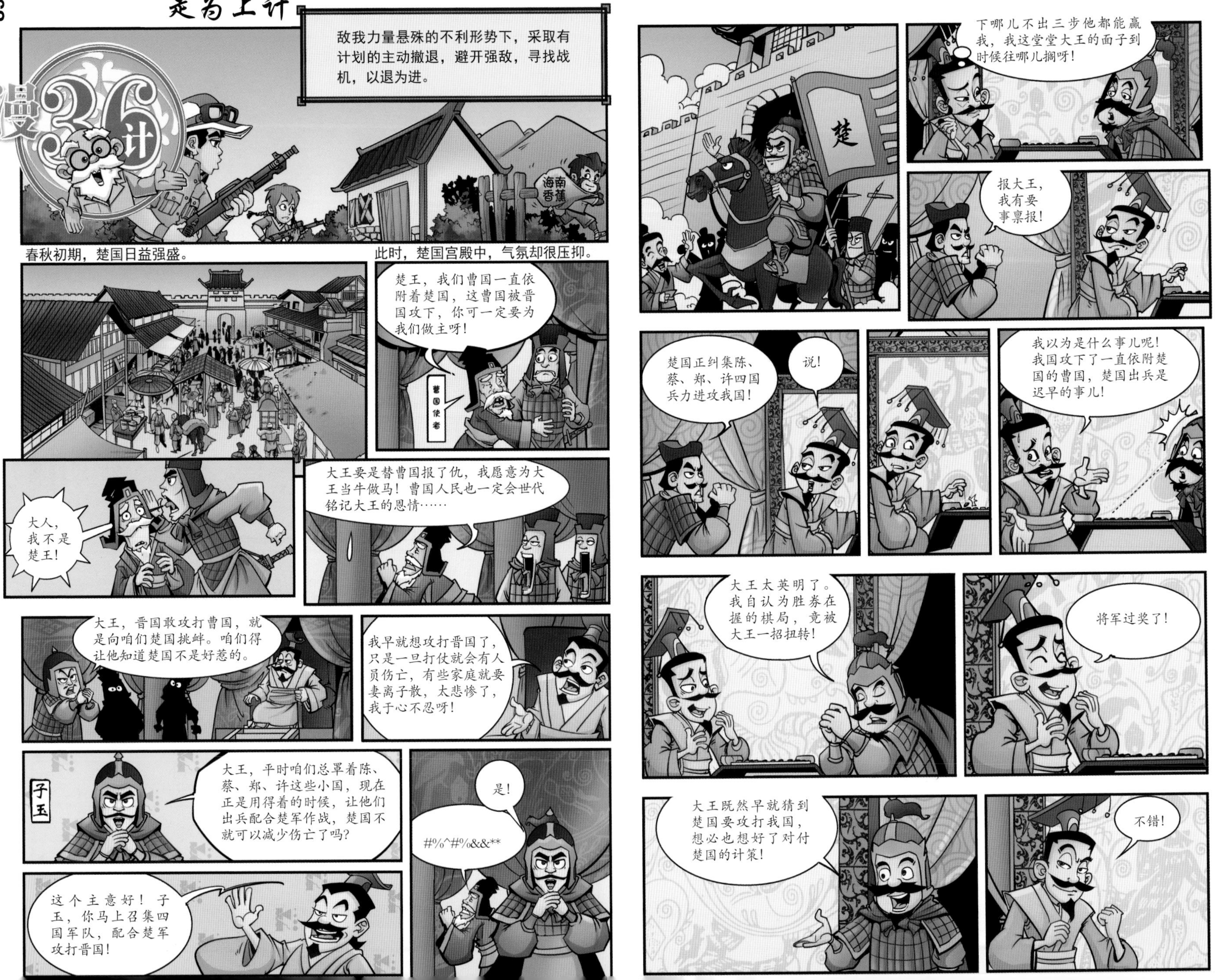
敌我力量悬殊的不利形势下，采取有计划的主动撤退，避开强敌，寻找战机，以退为进。
漫36计
海南香蕉
春秋初期，楚国日益强盛。
此时，楚国宫殿中，气氛却很压抑。
楚王，我们曹国一直依附着楚国，这曹国被晋国攻下，你可一定要为我们做主呀！
曹国使者
大人，我不是楚王！
大王要是替曹国报了仇，我愿意为大王当牛做马！曹国人民也一定会世代铭记大王的恩情……
大王，晋国敢攻打曹国，就是向咱们楚国挑衅。咱们得让他知道楚国不是好惹的。
我早就想攻打晋国了，只是一旦打仗就会有人员伤亡，有些家庭就要妻离子散，太悲惨了，我于心不忍呀！
子玉
大王，平时咱们总罩着陈、蔡、郑、许这些小国，现在正是用得着的时候，让他们出兵配合楚军作战，楚国不就可以减少伤亡了吗？
是！
#%^#%&&**
这个主意好！子玉，你马上召集四国军队，配合楚军攻打晋国！
楚
下哪儿不出三步他都能赢我，我这堂堂大王的面子到时候往哪儿搁呀！
报大王，我有要事禀报！
楚国正纠集陈、蔡、郑、许四国兵力进攻我国！
说！
我以为是什么事儿呢！我国攻下了一直依附楚国的曹国，楚国出兵是迟早的事儿！
大王太英明了。我自认为胜券在握的棋局，竟被大王一招扭转！
将军过奖了！
大王既然早就猜到楚国要攻打我国，想必也想好了对付楚国的计策！
不错！

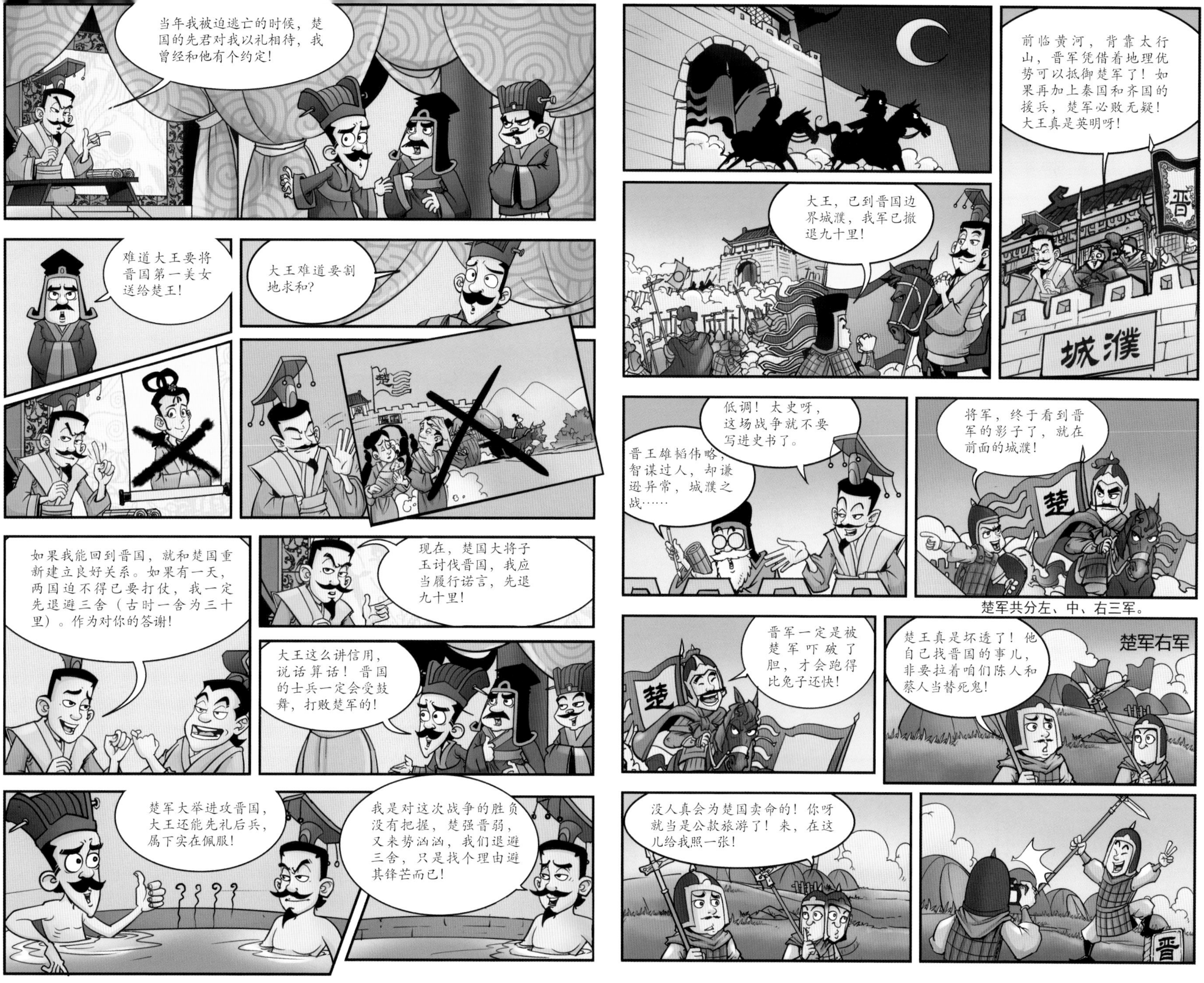
当年我被迫逃亡的时候，楚国的先君对我以礼相待，我曾经和他有个约定！
难道大王要将晋国第一美女送给楚王！
大王难道要割地求和？
如果我能回到晋国，就和楚国重新建立良好关系。如果有一天，两国迫不得已要打仗，我一定先退避三舍（古时一舍为三十里）。作为对你的答谢！
现在，楚国大将子玉讨伐晋国，我应当履行诺言，先退九十里！
大王这么讲信用，说话算话！晋国的士兵一定会受鼓舞，打败楚军的！
楚军大举进攻晋国，大王还能先礼后兵，属下实在佩服！
我是对这次战争的胜负没有把握，楚强晋弱，又来势汹汹，我们退避三舍，只是找个理由避其锋芒而已！
前临黄河，背靠太行山，晋军凭借着地理优势可以抵御楚军了！如果再加上秦国和齐国的援兵，楚军必败无疑！大王真是英明呀！
晋
城濮
大王，已到晋国边界城濮，我军已撤退九十里！
低调！太史呀，这场战争就不要写进史书了。
晋王雄韬伟略，智谋过人，却谦逊异常，城濮之战……
将军，终于看到晋军的影子了，就在前面的城濮！
楚
楚军共分左、中、右三军。
晋军一定是被楚军吓破了胆，才会跑得比兔子还快！
楚
楚军右军
楚王真是坏透了！他自己找晋国的事儿，非要拉着咱们陈人和蔡人当替死鬼！
没人真会为楚国卖命的！你呀就当是公款旅游了！来，在这儿给我照一张！
晋

大王，据探子报，楚国左、中、右三军，以右军最薄弱。右军前头都是陈、蔡士兵，他们都是被逼迫打仗的，一点儿也没有斗志！
我已经想好了计谋！下面，晋国军队已严阵以待。
同志们，战争是残酷的，是杀人不见血的。现在，你们为国捐躯的时候到了！
将军，你要给他们希望！
史上最差劲的战前动员
如果你很幸运，在战场上没有被敌人杀死，而是被敌人抓住成为俘虏，我告诉你，那会生不如死！
子玉命令左右军先进，中军继之。
楚左路军
这是打仗吗？这根本就是世界马拉松大赛呀！
楚
晋
咱们中军一定要把晋军杀个片甲不留，也好回去向大王邀功！追呀！
陈
晋军一定是看到咱们陈、蔡将士的勇猛，惧怕得再次逃跑！
楚右路军
晋军骑着蒙着虎皮的马冲向楚右军，陈、蔡两国军队大败。
楚
晋
兄弟，我们是陈人和蔡人，根本不想打仗，都是被楚国逼迫的呀！你行行好，放我们走吧！
晋文公又派士兵假扮陈、蔡军士，向子玉报捷。
又白又胖，肯定是个当官的，走，跟我见大王去！
将军，右师已经胜利，元帅赶快进兵吧！

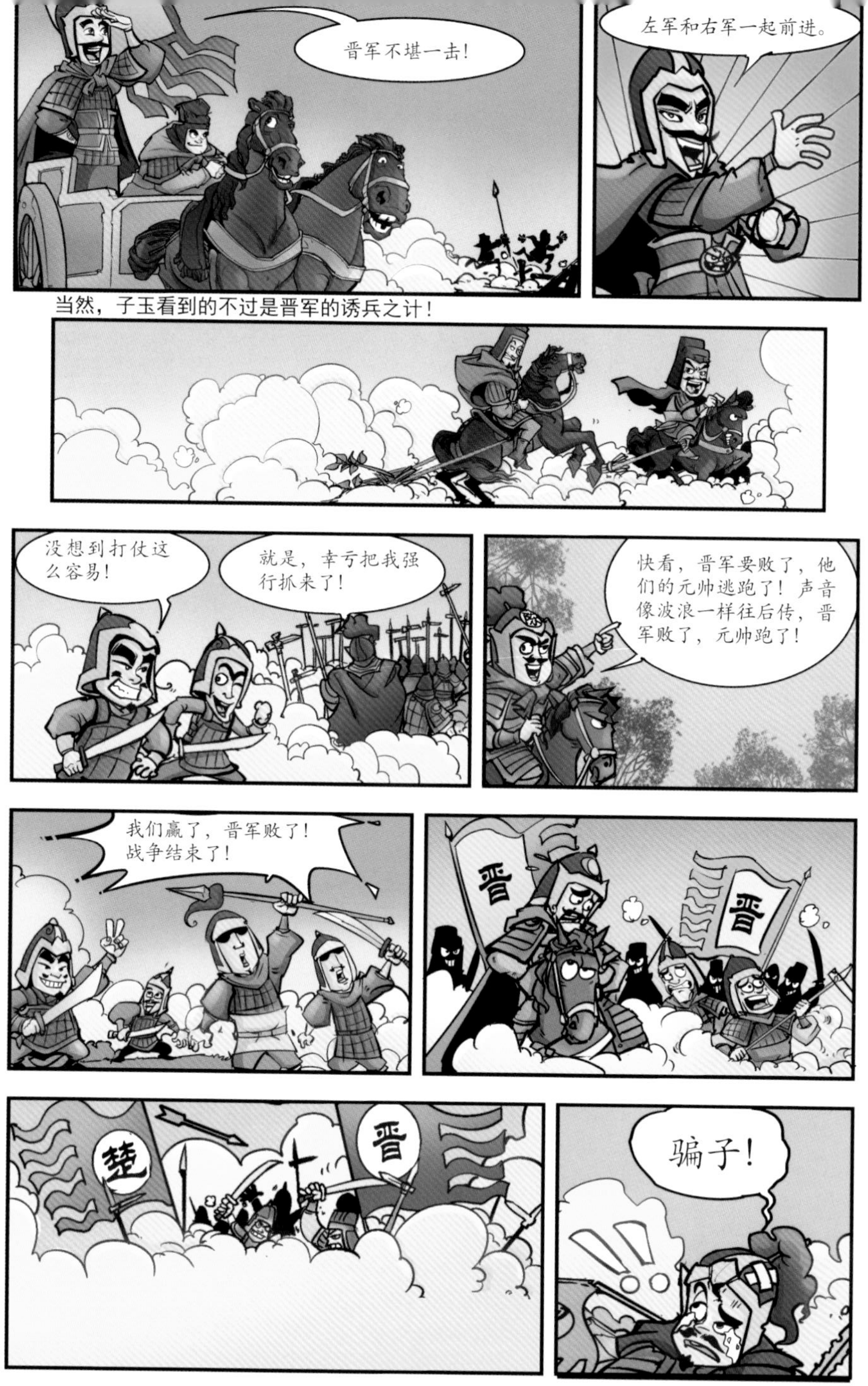
晋军不堪一击！
左军和右军一起前进。
当然，子玉看到的不过是晋军的诱兵之计！
没想到打仗这么容易！
就是，幸亏把我强行抓来了！
快看，晋军要败了，他们的元帅逃跑了！声音像波浪一样往后传，晋军败了，元帅跑了！
我们赢了，晋军败了！战争结束了！
晋
晋
楚
晋
骗子！

元帅用兵如神，这次回去肯定会受大王嘉赏！
楚
晋军
晋军
晋军
晋军
晋军
元帅，大事不好了！
报告元帅，我军右军、左军都已被歼灭，咱们已经被晋军包围了。周围的人已经乱成一锅粥。
赶紧突围！
子玉虽逃得性命，但部队伤亡惨重，只得悻悻回国。
楚
故事中晋文公的几次撤退，都不是消极逃跑，而是主动退却，寻找或制造战机。所以，“走”，是上策。

图书在版编目（CIP）数据

漫·三十六计 / 少儿期刊中心科普编辑部编.
-- 青岛：青岛出版社, 2016.1
ISBN 978-7-5552-3422-7

Ⅰ. ①漫… Ⅱ. ①少… Ⅲ. ①漫画 - 连环画 - 作品集
- 中国 - 现代 Ⅳ. ①J228.2

中国版本图书馆CIP数据核字(2016)第018198号

书　　名	漫·三十六计
编　　者	少儿期刊中心科普编辑部
出版发行	青岛出版社
社　　址	青岛市海尔路182号（266061）
本社网址	http://www.qdpub.com
邮购电话	0532 - 68068738
策　　划	连建军　黄东明
责任编辑	宋华丽
装帧设计	徐梦函
印　　刷	青岛国彩印刷有限公司
出版日期	2018年4月第1版　2019年5月第2次印刷
开　　本	16开（850mm × 1092mm）
印　　张	4.5
字　　数	30千
书　　号	ISBN 978-7-5552-3422-7
定　　价	25.80元

编校质量、盗版监督服务电话　400—653—2017　(0532)68068638